AF633737

EUL VERLAG

EINZELSCHRIFTEN

GfP – Gesellschaft für Programmforschung (Hrsg.)

Better Regulation: Bessere Institutionen und Normen als Voraussetzung für erfolgreiches Regieren – Ein Werkstattbericht

Lohmar – Köln 2009 • 232 S. • € 56,- (D) • ISBN 978-3-89936-824-6

Jochem Müller und Nadin Wildau

Basis_Kompendium für Controller

Das kompakte Nachschlagewerk für Einsteiger und Profis

Lohmar – Köln 2009 • 252 S. • € 39,- (D) • Hardcover • ISBN 978-3-89936-827-7

Paraskevas Tsotsonos

Hedgefonds – Systematische Risiken und Portable Alphas

Lohmar – Köln 2009 • 100 S. • € 38,- (D) • ISBN 978-3-89936-833-8

Timm J. H. Kreßmann

Interdisziplinärer projektorientierter Wirtschaftsinformatikunterricht – Theorie und Praxis

Lohmar – Köln 2009 • 120 S. • € 39,- (D) • ISBN 978-3-89936-835-2

Herbert Strunz

Management in the Armed Forces

Lohmar – Köln 2009 • 184 S. • € 48,- (D) • ISBN 978-3-89936-836-9

Marius E. Mann

Anwaltliche Verschwiegenheit und Corporate Governance

Lohmar – Köln 2009 • 376 S. • € 65,- (D) • ISBN 978-3-89936-838-3

Tobias Helbig und Andreas Mockenhaupt

Innovationsmanagement im technischen Vertrieb

Lohmar – Köln 2009 • 148 S. • € 43,- (D) • ISBN 978-3-89936-841-3

Jochem Müller und Ulrich W. M. Sauter

Intuitives Controlling

Ein neuer Ansatz der Unternehmenssteuerung

Lohmar – Köln 2009 • 124 S. • € 29,- (D) • Hardcover • ISBN 978-3-89936-842-0

Prof. Dr. Jochem Müller
und Ulrich W. M. Sauter

Intuitives Controlling

Ein neuer Ansatz der Unternehmenssteuerung

EUL VERLAG

Bibliografische Information der Deutschen Nationalbibliothek

Die Deutsche Nationalbibliothek verzeichnet diese Publikation in der Deutschen Nationalbibliografie; detaillierte bibliografische Daten sind im Internet über <http://dnb.d-nb.de> abrufbar.

ISBN 978-3-89936-842-0
1. Auflage September 2009

© JOSEF EUL VERLAG GmbH, Lohmar – Köln, 2009
Alle Rechte vorbehalten

Umschlaggestaltung: Sandra Franke, Nürnberg
Fotos: Barbara Schmidt, Berlin
Buchgestaltung, Bildbearbeitung und Grafiken: Sandra Franke, Nürnberg
Technische Umsetzung: Corinna Haselmayer und Sandra Franke, Nürnberg

JOSEF EUL VERLAG GmbH
Brandsberg 6
53797 Lohmar
Tel.: 0 22 05 / 90 10 6-6
Fax: 0 22 05 / 90 10 6-88
E-Mail: info@eul-verlag.de
http://www.eul-verlag.de

Bei der Herstellung unserer Bücher möchten wir die Umwelt schonen. Dieses Buch ist daher auf säurefreiem, 100% chlorfrei gebleichtem, alterungsbeständigem Papier nach DIN 6738 gedruckt.

„Es gibt keine logische Methode für das Entstehen
neuer Ideen oder eine logische Rekonstruktion dieses Prozesses.
Alle großen Entdeckungen beinhalten ein irrationales Element
kreativer, intuitiver Eingebung."

von Karl Popper

Inhaltsverzeichnis

Abbildungsverzeichnis

Abkürzungsverzeichnis

z. B.	zum Beispiel
bzw.	beziehungsweise
NDM	Naturalistic Decision Making
et al.	et alii/aliae/alia
RPD	Recognition Primed Decision
etc.	et cetera
u. a.	und andere
ICV	Internationaler Controller Verein
evtl.	eventuell
ggf.	gegebenenfalls
FEI	Financial Executive Institute
KMU	kleine und mittlere Unternehmen

Impuls

Intuitives Controlling

1.

„Wir haben nur noch furchtbar wenig Zeit. Wenn wir überhaupt wollen, dann müssen wir jetzt handeln."[1] Mit dieser Äußerung trifft der deutsche Physiker Albert Einstein vor allem heute den Nerv der Zeit. Tagtäglich geraten Unternehmen aufgrund von Marktsättigungserscheinungen, wachsender Konkurrenz im In- und Ausland, des sukzessiven Wegfalls von Wettbewerbsbarrieren und immer kürzer werdender Technologie- und Produktlebenszyklen unter Druck.

Dieser wachsenden Komplexität, Dynamik und Diskontinuität der Unternehmensumwelt muss sich auch das heutige Controlling stellen, um die Antizipations-, Reaktions- und Adaptionsfähigkeit[2] des Unternehmens wahren zu können. Bisherige Controlling-Ansätze versuchen diesen Anforderungen gerecht zu werden, wobei ihre Aufmerksamkeit ausschließlich analytischen Verfahren – der Rationalität – gilt.[3] Es ist jedoch wenig sinnvoll bzw. effektiv, bei unzureichenden Informationen, zeitlichen Einschränkungen,[4] vagen Zielen oder sich verändernden Rahmenbedingungen uneingeschränkt rational zu handeln.

Insbesondere durch neue Kommunikationsmittel, Unternehmenskonzentrations- und Internationalisierungstendenzen sieht sich das traditionelle Controlling mit einer enormen Informationsflut konfrontiert. Es wird immer schwieriger, unter Risikoausschluss, immer neuen und komplexeren Entscheidungen – bei schwindender Entscheidungssicherheit – gerecht zu werden. Dabei ist es ein Trugschluss, sich auf die Sicherheit analytisch erstellter Prognosen, deduktiv logischen Denkens und Wahrscheinlichkeitsanalysen zu verlassen. Diese werden mit ihren dogmatischen Sichtweisen dem Wandel der Zeit nicht mehr gerecht und helfen nur bedingt, die menschliche Fehlbarkeit zu umgehen.

Unter Berücksichtigung dieser Entwicklung stellen sich die neuen Rahmenbedingungen sowohl für die Unternehmen als auch für das Controlling im Speziellen als komplex und dynamisch dar. Ein völlig neuer Ansatz, den gestiegenen Anforderungen an ein modernes Controlling nachzukommen, ist die Erweiterung des heutigen Controllingverständnisses durch die menschliche Intuition: Der *intuitive Ansatz* nach Müller und Sauter *(Intuitive-Controlling Approach)*.

Die Intuition hat sich bereits in Bereichen, wie z. B. Sport und Politik, erfolgreich etabliert. Häufig hat die Intuition jedoch einen zweifelhaften Ruf, der auch auf die Subtilität ihrer Charakterisierung zurückgeht. In der Wirtschaft und vor allem im Controlling wird die Intuition noch zu wenig beachtet, da sie nach Auffassung der traditionellen

1 Einstein, Albert zitiert nach: Meier, Helmut (1978), S. 103.

2 Vgl. Horváth, Péter (2003), S. 149.

3 Vgl. Schildbach, Thomas (1992), S. 22f. und Küpper, H.-U./Weber, J./Zünd, A. (1990), S. 282.

4 Zakay, D und Wooler, S. (1984) haben herausgefunden, dass gelernte analytische Entscheidungsstrategien nicht angewendet werden, wenn für eine Entscheidung nur eine Minute oder nur Sekunden zur Verfügung steht.

analytischen Entscheidungsmodelle keine ausreichende Entscheidungsbegründung gibt und somit zum Scheitern verurteilt ist.

In diesem Buch wird durch den *intuitiven Ansatz* das Controlling um eine ganz neue Facette – die Intuition – erweitert. Dieser neue Forschungsansatz beschreibt, wie die Intuition in das Controlling integriert werden kann und welche ökonomischen und sozialen Handlungsfolgen sich daraus ergeben können. Als Grundlage zum Thema Intuition wird der aktuelle Forschungsstand der Psychologie und Soziologie herangezogen.

Dieses Buch ist in Folge der Diplomarbeit von Ulrich W. M. Sauter an der Hochschule Ansbach auf Initiative und unter Leitung von Prof. Dr. Jochem Müller entstanden.

Es betrachtet Controlling aus einem anderen Blickwinkel als bisher üblich und versteht sich als eine Art Gegengewicht zu analytisch geprägten Herangehensweisen. Mit der Einführung eines neuen Controllingverständnisses – dem *intuitiven Ansatz im Controlling* – möchten wir neue Wege beschreiten und die Bedeutung und Möglichkeiten der Intuition auch den Controllern näher bringen.

Dennoch werden wir nicht der weitverbreiteten Gepflogenheit erliegen, das rationale Denken durch eine intuitive Denkweise zu substituieren. Versucht man nämlich, sich in Buchhandlungen einen ersten Überblick über das Thema Intuition zu verschaffen, stößt man meist auf Autoren, die aufgrund einschlägiger übernatürlicher oder schwer erklärbarer Erfahrungen dieser Versuchung nicht widerstehen. Phänomene, Situationen oder Entscheidungen, die auf den ersten Blick als unerklärbar gelten, werden in diesen Büchern nicht ausreichend analysiert und der Einfachheit halber der Intuition zugeschrieben. Dies ist ein Grund dafür, dass der Intuition heutzutage mitunter ein mystischer Charakter zugeschrieben wird. Von diesem mystischen Charakter und einer allzu einfachen Erklärung der Intuition und deren Wirkungsweise möchten wir uns mit diesem Buch explizit distanzieren. Vielmehr ist es unser Ziel, die Intuition mit den Ergebnissen anerkannter Intuitionsforscher zu entmystifizieren, das vorherrschende Controllingverständnis mit der Intuition in Einklang zu bringen und die Möglichkeiten und die Notwendigkeit eines intuitiven Bestandteils der Unternehmenssteuerung aufzuzeigen.

Intuitives Controlling

Einführung

2.

2.1 Einleitung

Nicht selten kommt es vor, dass ein Problem oder eine kritische Situation intuitiv erkannt wird. Das „Gefühl“ – die Intuition – ist aber nicht rational erklärbar. Es müsste also auf eine nachvollziehbare Erklärung, auf Fakten und Analysen verzichtet werden. Um nicht in diese Erklärungsnot zu kommen, scheut man, das Bauchgefühl anzusprechen und begibt sich auf die Suche nach rationalen Daten, mit denen die intuitive Eingebung untermauert werden soll.

Eine Studie des Sozialpsychologen Timothy Wilson und dessen Kollegen hat ergeben, dass der Mensch bereits eine Entscheidung getroffen hat, bevor er bewusst das Für und Wider gegeneinander abwägen oder sich hierfür relevante Gründe und Fakten in Erinnerung rufen konnte. In dieser Studie unterteilte er die Testpersonen in zwei Gruppen. Jede Testperson musste sich für eins von fünf zur Auswahl stehenden Postern entscheiden. Die Probanden der einen Gruppe durften das Poster auswählen, dass ihnen am besten gefiel. Die der anderen Gruppe mussten hingegen, bevor sie sich entscheiden durften, Gründe für und gegen das Poster aufführen. Vier Wochen nach der Entscheidung wurden die Probanden befragt, ob ihnen das Poster immer noch gefallen würde. Diejenigen, die Gründe für ihre Wahl hatten liefern müssen, waren damit weniger zufrieden als die anderen, die das Poster intuitiv hatten auswählen dürfen.[5] Diese und ähnliche Studien zeigen, dass Selbstreflexion zu suboptimalen Ergebnissen führen kann.[6]

Im Gegensatz zu seinem Schüler Carl Gustav Jung erkannte der Psychologe Sigmund Freud die Intuition als bedeutsame Erkenntnisquelle nicht an. Vielmehr deutete er sie als eine Gefahr, die „jenen Bestrebungen wertvolle Energie [entzieht], die sich der Wirklichkeit zuwenden, um, soweit es möglich ist, Wünsche und Bedürfnisse ... zu befriedigen.“[7] Zudem war er der Auffassung, dass es gar eine Illusion sei, wenn man von der Intuition etwas erwarte.[8] Auch andere Psychologen dieser Zeit schlossen sich seiner Auffassung an. Dies mag vielleicht mit ein Grund dafür sein, dass in der Wirtschaft der Intuition in den folgenden Jahren wenig Beachtung geschenkte wurde. Unterstützend wirkte hierbei die Mentalität der westlichen Welt, in welcher das Hauptaugenmerk auf rationalen, nachvollziehbaren Begründungen und Rechtfertigungen lag.

Erst 1957 wagte der Ökonom und Nobelpreisträger Herbert A. Simon in einem ersten Schritt, der permanent geforderten Rationalität Grenzen zu setzen. Mit der Einführung des Begriffs „bounded rationality“ (begrenzte Rationalität) erläutert er, dass aufgrund von Informationsmangel, Zeitmangel, Unfähigkeit oder anderen Gründen ein rein rati-

[5] *Vgl. Wilson, Tom D. et al. (1993).*

[6] *Vgl. Halberstadt, J./Levine, G. L. (1999); Wilson T. D./Schooler J. W. (1991); Wilson, Tom D. (2004).*

[7] *Freud, Sigmund (1969), S. 172.*

[8] *Vgl. Freud, Sigmund (1928), S. 50.*

onales Verhalten unmöglich ist. Daneben kann sich aus der Kombination von Informationen eine derart hohe Komplexität der Entscheidungsgrundlage entwickeln, dass allein dadurch die Forderung nach einem uneingeschränkt rationalen Handeln unhaltbar ist. Die Möglichkeit, sich für die nach streng rationalen Gesichtspunkten gewählte Alternative zu entscheiden, beinhaltet die Restriktion, alle übrigen Alternativen vollständig durchdringen zu können. Genau dieser Optimierungsgedanke ist nach Simon aufgrund der eben aufgeführten Einschränkungen nicht möglich. Vielmehr entscheidet sich der Entscheidungsträger für die Alternative, die ihn zufriedenstellt.[9]

Doch noch immer beherrscht ein abendländisch logisch, analytisches Denken unser derzeitiges Wirtschaftsleben. Eine Denkweise, bei der analytische Verfahren, rationale Begründungen und nachvollziehbare Rechtfertigungen intuitiven Wirkungsweisen, vor allem im Controlling eines Unternehmens, wenig Spielraum lassen.

Fakt ist, dass in der heutigen Zeit in Politik, Sport und Wissenschaft die Intuition bereits eine unverzichtbare Kompetenz darstellt. Der ehemalige US-Außenminister und Generalstabschef Colin Powell beschreibt den Stellenwert der Intuition in der Politik wie folgt:

„Ich sammle so viele Informationen wie möglich und dann höre ich auf meine Intuition, meinen geschulten Instinkt. Manchmal mache ich das Gegenteil von dem, was mir mein Verstand sagt. Entscheidungen sollten immer zwischen „P40" und „P70" fallen. Wenn Sie etwa 40 Prozent der Informationen haben, die überhaupt verfügbar sind, sollten Sie langsam eine Entscheidung vorbereiten. Wenn Sie 70 Prozent haben, sollten Sie sich entscheiden. Ihnen entgeht möglicherweise eine erstklassige Chance, wenn Sie noch länger zögern. In der Armee lernen Sie übrigens, selbst nur ein Drittel der Zeit zu nutzen, die für eine Entscheidung zur Verfügung steht. Der Grund: Ihre Untergebenen brauchen ebenfalls Zeit, um die Umsetzung Ihrer Entscheidung zu planen."[10]

Im Interview mit dem amerikanischen Journalist und Professor Robert Scheer bekräftigte Powell, dass „he and his department's top experts never believed that Iraq posed an imminent nuclear threat, but that the president followed the misleading advice of Vice President Dick Cheney and the CIA in making the claim"[11]. Dieser enorme Druck, unter welchem Powell stand, musste eine immunisierende Wirkung auf seine intuitive Meinung – sein Bauchgefühl – gehabt haben. Powell wusste intuitiv, dass die Beweise für einen Krieg gegen den Irak nicht ausreichend waren. Doch die Bedrängnis durch den Vizepräsidenten und der CIA ließen in anders reagieren.

9 *Vgl. Simon, Herbert A. (1967), 241ff. und 261ff.*
10 *Powell, Colin (2006), Internetquelle.*
11 *Scheer, Robert (2006), Internetquelle.*

Die amerikanischen Intuitionsforscher Roberta Calderwood und Gary Klein führten eine Studie mit Blitzschachspielern durch, um zu untersuchen, inwiefern diese beim Spiel auf ihre Intuition vertrauen konnten. Es stellte sich heraus, dass erfahrene Spieler mit ihrer Intuition praktikable Handlungsmöglichkeiten schnell erkannten, ohne zuvor unzählige Möglichkeiten prüfen zu müssen.[12] Beim Fußball muss sich der Spieler innerhalb von Sekundenbruchteilen entscheiden, ob er zum Torschuss ansetzen soll oder nicht. Er hat nicht die Möglichkeit, das Für und Wider seines Schusses abzuwägen und lange darüber nachzudenken. Er muss intuitiv entscheiden, ob er nun auf das Tor schießt, zu einem Mitspieler abspielt oder weiterdribbelt.

Der dänische Physiker Niels Bohr ließ sich bei seiner Aufstellung des nach ihm benannten Bohrschen Atommodells von seiner Intuition leiten. Er hielt sich nicht an die zu dieser Zeit gültigen Prinzipien, sondern legte vielmehr die Bedingungen für sein Atommodell intuitiv fest.[13] Albert Einstein beschrieb die Bedeutung der Intuition in der Wissenschaft wie folgt: „Höchste Aufgabe der Physiker ist also das Aufsuchen jener allgemeinsten elementaren Gesetze, aus denen durch reine Deduktion das Weltbild zu gewinnen ist. Zu diesen elementaren Gesetzen führt kein logischer Weg, sondern nur die auf Einfühlung in die Erfahrung sich stützende Intuition."[14]

Ob Sport, Politik oder Wissenschaft, gerne bedient man sich der Möglichkeiten der Intuition. Es scheint nahezu unverständlich, dass die Intuition in derart vielen Bereichen eine wichtige Rolle spielt, doch im Controlling immer noch verkannt wird. Nach Müller und Sauter wäre der Einzug der Intuition in das Controlling eine logische Konsequenz. Durch ihren Ansatz – den *intuitiven Ansatz im Controlling* – bekommt die Intuition als ein neuer Baustein des Controlling eine wichtige Bedeutung, mit weitreichenden Auswirkungen auf die Unternehmenssteuerung. Es wäre nichts Neues, wenn sich das Anforderungsprofil des Controllers weiterhin verändert. Schon Weber und Bültel haben festgestellt, dass es hier mit der Zeit zu entscheidenden Veränderungen kommt. In einer Analyse zeigten sie, dass im Vergleich zu den fünfziger und sechziger Jahren, in denen von Controllern hauptsächlich Kompetenzen in der (Konzern-)Bilanzierung gefordert wurden, in den achtziger Jahren das Anforderungsprofil um zusätzliche Fähigkeiten wie z. B. analytisches Verständnis und Durchsetzungsvermögen erweitert wurde.[15]

Die Aufgabe des Controlling besteht darin, das Management zu unterstützen,[16] dessen Effizienz und Effektivität zu erhöhen[17] und die Koordinations-, Reaktions-, und Anpas-

[12] *Vgl. Calderwood, R./Klein, G. (1988).*

[13] *Vgl. Hartje, Udo (2002), S. 4; Doucet, Friedrich (1979), S. 96; Heisenberg, Werner (1971), S. 52-70.*

[14] *Einstein, Albert (1959), S. 109.*

[15] *Vgl. Weber, J./Bültel, D. (1992), S. 539-544.*

[16] *Vgl. Reichmann, Thomas (1996), S. 561.*

[17] *Vgl. Weber, Jürgen (1993), S. 628.*

sungsfähigkeit des Unternehmens an die Makro- und Mikroumwelt sicherzustellen.[18] Eine methodisch erschlossene Intuition als zusätzliche Kompetenz des Controllers würde diese Ziele und Aufgaben des Controlling unterstützen. So könnte sie hilfreich sein, etwaiges Optimierungspotential aufzudecken, die Entscheidungsqualität und -geschwindigkeit zu erhöhen, Kommunikationsdefizite zu reduzieren, bislang ungenutzte Wissensquellen zu nutzen oder das Innovationsmanagement voranzutreiben.

2.2 Interdisziplinäre Definitionen und ausgewählte Intuitionsmodelle

Bislang findet sich in der deutsch- und englischsprachigen Literatur keine einheitliche Definition, geschweige denn eine allseits anerkannte Theorie zu einem allgemeinen Intuitionsverständnis und dessen Prozessen.

Die Bandbreite reicht dabei von Wissenschaftlern, die der Intuition Übernatürliches zuschreiben und sie damit als unerklärbar abheften,[19] bis zu Wissenschaftlern, die durch eine Vielzahl von Studien und Experimenten das Phänomen „Intuition" entmystifiziert glauben. Eine Klarheit und Konturenschärfe, wie es der Wirtschaftswissenschaftler wünscht, wird es bei keinem der Theorieansätze geben.

Als einen einleitenden Überblick wagen wir an dieser Stelle einen Ordnungsversuch der verschiedenen Erklärungsmodelle.

Einige Autoren versuchen mittels neurowissenschaftlicher Erkenntnisse der Intuition auf die Spur zu kommen. Nach der Auffassung von Zaboura und Bauer bilden Spiegelneuronen einen wichtigen Bezugspunkt für ein besseres Intuitionsverständnis.[20] Die Entdeckung der Spiegelneurone gelang im Jahr 1996.[21] Sie bezeichnen Nervenzellen, die zusätzlich neben der normalen Steuerungsfunktion bei Beobachtung bzw. Miterleben von Handlungen anderer Personen reagieren. Diese Nervenzellen sind die Erklärung dafür, dass Beobachtende aufschreien, wenn sie jemanden sehen, der seinen Finger einklemmt oder Zuhörer eine Gänsehaut bekommen, wenn sie Zahnarztgeräusche hören. Übertragen auf die Intuition eines Menschen beschreibt Zaboura die Bedeutung der Spiegelneurone wie folgt: „Spiegelneurone lassen uns nachspüren und empfinden, was andere fühlen und denken. Dank dieses Mechanismus können wir uns in den Kopf, in das Gedankengut des Gegenübers hineinversetzen."[22]

18 *Vgl. Schweitzer, M./Friedl, B. (1992), S. 149-157.*
19 *Vgl. Goldberg, Philip (1988), S. 31.*
20 *Vgl. Zaboura, Nadia (2008) und Bauer, Joachim (2008).*
21 *Vgl. Rizzolatti, G. et al. (1996).*
22 *Zaboura, Nadia (2008), S. 14.*

Die zweite Gruppe der Erklärungsmodelle rückt die subliminale Wahrnehmung und Informationsverarbeitung in den Mittelpunkt. Bislang ist dieser Begriff noch nicht eindeutig definiert. Das Wort „subliminal“ geht auf das Lateinische „sub limen“ – übersetzt „unter der Schwelle“ – zurück. Somit ist die subliminale Wahrnehmung eine Art unbewusste Wahrnehmung. Die zentrale Überlegung dieser Ansätze ist, dass die Intuition durch Informationen eines unbewussten Lernprozesses bzw. einer unbewussten Informationsaufnahme begründet ist.[23] Es ist somit auch für einen Laien möglich, qualitativ hochwertige intuitive Impulse zu bekommen.[24]

Eine dritte große Gruppe der Intuitionsmodelle stützt sich auf das Erfahrungswissen eines Menschen. Werden im Laufe des Lebens viele Erfahrungen in einem Tätigkeitsfeld gesammelt, spricht man von einem Experten seines Fachs. Dieser Erfahrungsschatz speist die intuitiven Entscheidungsimpulse. Die Qualität der Intuition steigt somit mit zunehmender Erfahrung. Kennzeichnend für intuitive Handlungen und intuitive Eingebungen sind das unbewusste, automatische Abrufen bereits gemachter Erfahrungen und die Unfähigkeit des Entscheidungsträgers, bewusst bzw. rational sein Handeln zu begründen.

Die nachfolgenden Ausführungen tragen dazu bei, ein klares Verständnis von Intuition und den relevanten Prozessen zu bekommen. Dabei legen wir unseren Fokus auf die Erklärungsmodelle der zweiten und dritten Gruppierung.

In den nächsten Abschnitten werden einige der renommiertesten Wissenschaftler mit ihren Ansichten und Erklärungsversuchen zur Intuition vorgestellt.

2.2.1 Intuition, basierend auf Faustregeln

Der deutschsprachige Kognitionspsychologe Gerd Gigerenzer leitete als Direktor von 1995 bis 1997 das Max-Planck-Institut für psychologische Forschung in München und ist seit 1997 Direktor des Max-Planck-Instituts für Bildungsforschung in Berlin.[25]

Er gilt als einer der bekanntesten Vertreter für die Auffassung, dass die Intuition eines Menschen sich an einfachen Faustregeln (Heuristiken) orientiert und ihre Intelligenz darin liegt, dass sie zum richtigen Zeitpunkt die richtige Faustregel auswählt.[26] Gigerenzer ist überzeugt davon, dass eine Intuition nicht gut oder schlecht sein kann, sondern erst durch die Situation, in der die Faustregel verwendet wird, eine Bedeutung bekommt.[27]

[23] *Vgl. Zeuch, Andreas (2004).*

[24] *Vgl. Harteis, C./Gruber, H. (2008), S. 75ff.*

[25] *Vgl. Gigerenzer, Gerd (Internetquelle - Curriculum Vitae, 2008), S. 1.*

[26] *Vgl. Gigerenzer, Gerd (2007), S. 57.*

[27] *Vgl. Gigerenzer, Gerd (2007), S. 58.*

Nach seiner Vorstellung besteht die Intuition aus zwei Elementen:[28]

- **Einfache Faustregeln**, die sich
- die im Laufe der Evolution entwickelten **Fähigkeiten des Gehirns** zunutze machen.

Studien haben ergeben, dass das menschliche Gehirn zwar mehrere Gründe prüft, doch sobald es zur Entscheidung kommt, verlässt es sich nur auf einen einzigen guten Grund.[29] Diese spezielle Faustregel nennt Gigerenzer *Take-The-Best-Heuristik.*[30] Es wird zwar angenommen, dass komplexe Probleme nur mit komplexen Strategien angegangen werden können, doch diese Ansicht teilt Gigerenzer nicht. Er ist der Überzeugung, dass die Intuition komplexe Probleme lösen kann, jedoch nicht mit aufwendigen Gewichtungen und komplexen Berechnungen, sondern mit Hilfe von Faustregeln.

Die Take-The-Best-Heuristik gliedert Gigerenzer in drei Bausteine:[31]

- **Suchregel:** Als erstes wird der wichtigste Grund, dann der zweitwichtigste, dann der drittwichtigste etc. jeder Handlungsalternative geprüft.
- **Stoppregel:** Die Suche wird beendet, sobald sich die Alternativen eines Grundes unterscheiden.
- **Entscheidungsregel:** Wähle die Alternative, die diesen Grund befürwortet.

Dieser Prozess ähnelt einer Suche im Lexikon, bei der man sich zuerst am ersten, dann am zweiten, usw. Buchstaben orientiert. Man bezeichnet ihn deshalb als lexikografisch.[32] Folgendes Beispiel illustriert die Take-The-Best-Heuristik:

> Stefanie ist ein deutsches Topmodel und liebt es einzukaufen. Für den Kauf einer Skihose fliegt sie nach Davos. Dort erblickt sie in einem Kaufhaus zwei Skihosen. Beide kosten 50 Euro und sind äußerlich nicht zu unterscheiden. Allerdings ist Skihose A von einem namhaften Hersteller. Zudem weiß Stefanie, dass die Skihose B für ihren hervorragenden Tragekomfort bekannt ist. Dennoch entschließt sie sich intuitiv, ohne auch nur die Skihose B anzuprobieren, die Skihose A zu kaufen. Bis heute ist sie mit ihrem Kauf zufrieden.

[28] *Vgl. Gigerenzer, Gerd (2007), S. 26.*
[29] *Vgl. Bröder, A. (2003); Bröder, A./S. Schiffer (2003); Rieskamp, J./Hoffrage, U. (1999); weitere empirische Belege: Shepard, R.N. (1967); Shanteau, J. (1992); Ford, J.K. et al. (1989).*
[30] *Vgl. Gigerenzer, Gerd (1999), S. 75 - 96.*
[31] *Vgl. Gigerenzer, Gerd (2007), S. 158.*
[32] *Vgl. Gigerenzer, Gerd (2007), S. 158.*

Der Grund für den Kauf der Skihose A, trotz ihres komparativ schlechteren Tragekomforts, liegt in Stefanies Präferenzenordnung:

- Für Stefanie ist das Aussehen der Skihose das wichtigste Kaufkriterium. Beide Skihosen weisen jedoch keinen äußerlichen Unterschied auf.
- Das zweitwichtigste Kaufkriterium ist für Stefanie der Preis. Doch auch hier gibt es keinen Unterschied. Die Suchregel – nach einem Unterschied – ist somit noch nicht beendet.
- Das drittwichtigste Kaufkriterium ist der Markenname. Mit diesem Kriterium greift in diesem Beispiel die Stoppregel, da in diesem Merkmal zugunsten der Skihose A ein Unterschied besteht. Anschließend entscheidet sich Stefanie – der Entscheidungsregel entsprechend – für den Kauf der Skihose A.
- Das viertwichtigste Kaufkriterium bekommt in ihrem Entscheidungsprozess keine Aufmerksamkeit. Stefanie hat den Kauf der Skihosen intuitiv getätigt. Jegliche Gegenüberstellung der Wesensmerkmale beider Skihosen ist somit ohne bewusste Aufmerksamkeit – also unterbewusst – erfolgt.

Für Gigerenzer ist Intuition ein Bauchgefühl, „1. das rasch im Bewusstsein auftaucht, 2. dessen tiefere Gründe uns nicht ganz bewusst sind und 3. das stark genug ist, um danach zu handeln“[33].

Besonders geeignet, um die Zukunft vorherzusagen, sofern diese schwer vorhersehbar ist und/oder ein Mangel an relevanten Informationen besteht, sind Intuitionen, die sich der Take-The-Best-Heuristik bedienen.

Auch wenn ein solches Vorgehen nicht den optimalen Lösungsweg findet, bringt es eine Lösung (nämlich die Erstbeste) hervor, von der angenommen wird, dass sie das Problem lösen kann.[34]

Erst mit einer befriedigenden Informationsfülle, bei einer Analyse der Vergangenheit oder sobald die Zukunft mit großer Wahrscheinlichkeit vorhersagbar ist, überwiegen die Vorteile einer komplexen Analyse.[35]

Hinsichtlich der Lösungseffizienz der Take-The-Best-Heuristik, ist der Neurowissenschaftler Antonio Damasio[36] der gleichen Ansicht wie Gigerenzer. Damasio ist Professor für Neurologie und Psychologie an der University of Southern California, Leiter des dort ansässigen Brain and Creativity Institute und gehört zu den derzeit angesehensten

[33] *Gigerenzer, Gerd (2007), S. 25.*

[34] *Vgl. Gigerenzer, Gerd (1995), S. 67.*

[35] *Vgl. Gigerenzer, Gerd (2007), S. 163.*

[36] *Damasio lokalisierte mittels verschiedener Studien, an welcher Stelle im Gehirn (im präfrontalen Cortex) intuitive Prozesse ablaufen. Siehe hierzu auch: Damasio, A. et al. (1997); Damasio, Antonio (2001); Damasio, Antonio (2007).*

Neurologen der Welt. Mit seiner Hypothese der somatischen Marker erklärt er, warum Intuitionen bessere Prognosen liefern können als diskursive Annäherungen und hinsichtlich des Zeit- und Informationsaufwandes höchst ökonomisch sind.[37]

Die Theorie der somatischen Marker verknüpft die verhaltenslenkende Funktion der Emotionen mit den gewonnenen Erkenntnissen der Neurowissenschaften. Der somatische Marker ist dabei der Prozess, der ein positives oder negatives körperliches Empfinden mit einer bestimmten Reiz-Konstellation „markiert". Er dient dabei zur unbewussten Orientierung in der Vielfalt alternativer Handlungsmöglichkeiten durch Ausschluss all derjenigen Verhaltenskonsequenzen, die für den Entscheidungsträger emotional als nicht tragbar erscheinen.[38]

Neben der Take-The-Best-Heuristik ist auch die von Gigerenzer entwickelte Rekognitionsheuristik eine Faustregel, die sich die Intuition zu nutze macht. Diese Faustregel definiert Gigerenzer wie folgt: „Wenn du ein Objekt wiedererkennst, aber das andere nicht, ziehe den Schluss, dass das wiedererkannte Objekt einen höheren Wert hat."[39]

Bei einer Studie stellten Gerd Gigernezer und der amerikanische Psychologe Daniel Goldstein amerikanischen und deutschen Studenten die Frage, welche Stadt – Detroit oder Milwaukee – mehr Einwohner habe.

40 Prozent der amerikanischen Studenten schätzten Milwaukee als bevölkerungsreichere Stadt ein, doch nahezu alle deutschen Studenten tippten intuitiv auf Detroit. Die richtige Antwort ist Detroit.

Die deutschen Studenten bedienten sich in diesem Fall der Rekognitionsheuristik. Sie gingen nach einer einfachen Faustregel vor, die wie folgt beschrieben werden kann: „Wenn du den Namen der einen Stadt, aber nicht den der anderen erkennst, dann schließe daraus, dass die wiedererkannte Stadt mehr Einwohner hat."[40]

Den amerikanischen Studenten war diese Faustregel keine Hilfe, da sie die zwei Städte ihres Landes kannten und ihr Urteilsvermögen zudem durch die vielen Fakten, die sie über die beiden Städte im Kopf hatten, getrübt wurde.[41]

Gleichzeitig zeigt dieses Beispiel aber auch, dass Heuristiken, in diesem Fall die Rekognitionsheuristik, nicht immer benutzt werden können. So hilft die Rekognitionsheuristik, wie aufgezeigt, nicht weiter, wenn beide Städte gleichermaßen bekannt oder unbekannt sind.[42]

[37] *Vgl. Damasio, A./Bechara, A. (2005); Damasio, A. et al. (1997), S. 1293.*
[38] *Damasio, Antonio (2007).*
[39] *Gigerenzer, Gerd (2007), S. 123.*
[40] *Gigerenzer, Gerd (2007), S. 16.*
[41] *Vgl. Goldstein und Gigerenzer (2002).*
[42] *Vgl. Gigerenzer, Gerd (1999), S.79.*

Nach Gigerenzer hängt die effektive Anwendung der Rekognitionsheuristik[43] von zwei Komponenten ab: der Wiedererkennung und der Evaluation. Beim Wiedererkennen kommt es darauf an, die Sache bzw. Situation wieder aus dem Gedächtnis zu rufen bzw. die Alternative wiederzuerkennen. Bei der folgenden Evaluation wird entschieden, ob danach gehandelt werden soll oder nicht.

Ein bekanntes Beispiel ist der Waldspaziergang: Nur wenige werden beim Spazieren im Wald Pilze, die sie dort sehen, aber nicht kennen, mit nach Hause nehmen und essen. Bekommt man im Restaurant Pilze serviert, die man nicht kennt, erkennt man die Pilze als Pilze (genau wie beim Waldspaziergang) wieder, doch man entscheidet sich, diese zu essen.[44] Es kann sich also bewusst für oder gegen das Anwenden der Rekognitionsheurisik entschieden werden.[45]

Bei keiner der evolvierten Faustregeln (z. B. Take-The-Best-Heuristik oder Rekognitionsheuristik) erhebt Gigerenzer den Anspruch, dass sie immer zur richtigen Antwort bzw. optimalen[46] Lösung führen.

Den Unterschied zwischen evolvierten und automatischen (reflexartigen) Faustregeln sieht Gigerenzer in der Möglichkeit, evolvierte Faustregeln bewusst unterdrücken zu können.[47]

Er ist der festen Überzeugung, dass die Intuition und deren Heuristiken oftmals zu besseren Ergebnissen führen als komplexe analytische Verfahren, da sie sich wie im Falle der Take-The-Best-Heuristik auf einen einzigen guten Grund verlassen, den Rest vernachlässigen und somit gute Chancen haben, sich auf die wirklich wichtigen Informationen zu konzentrieren.

2.2.2 Intuition als Erfahrungsmuster – Das RPD-Modell nach Klein

Gary Klein, Forscher der Psychologie, wurde berühmt durch seine bahnbrechende Forschungsarbeit im Bereich der natürlichen Entscheidungsfindung (Naturalistic Decision Making – NDM). Nach Klein verlässt sich die Intuition „auf den Gebrauch der Erfahrung zum Erkennen wichtiger Muster, die Aufschluß über die Dynamik der Situation geben."[48] Für ihn ist das Erkennen und Nutzen von Mustern, die aufgrund zahlreicher Erfahrungen entstanden sind, ein Zeichen ausgeprägter Intuition.

43 *Siehe hierzu auch Goldstein, D. G./Gigerenzer, G. (1999).*
44 *Vgl. Gigerenzer, Gerd (2007), S. 140f.*
45 *Vgl. Gigerenzer, Gerd (2007), S. 141.*
46 *Vgl. Gigerenzer, Gerd (1999).*
47 *Vgl. Gigerener, Gerd (2007), S. 141.*
48 *Klein, Gary (2003a), S. 51.*

Unter einem Muster versteht Klein verbundene Hinweise. Sobald man mehrere Hinweise eines Musters erkennt, kann man davon ausgehen, die noch fehlenden dieses Musters zu finden. Ein großes Repertoir an Mustern hat den Vorteil, dass neuen Situationen ein passendes Muster leichter zugeordnet werden kann.[49]

Der zweifelhafte Ruf der Intuition geht darauf zurück, dass viele Menschen nicht beschreiben können, aus welchen Gründen sie die jeweilige Situation als typisch oder atypisch empfinden oder dass sie etwas bemerkt bzw. nicht bemerkt haben.[50] Diese Problematik soll folgendes Beispiel aufzeigen:[51]

„Der sechste Sinn

Es geht um einen Brand in einem einstöckigen Haus, das in einem Wohnviertel liegt. Das Feuer ist auf der Rückseite des Hauses im Bereich der Küche ausgebrochen. Der Einsatzleiter gibt seiner Löschmannschaft den Auftrag, den rückwärtigen Teil des Gebäudes zu betreten und dort mit Wasser zu löschen. Doch das Feuer erweist sich als hartnäckig. >Merkwürdig<, denkt der Einsatzleiter. Das Wasser hätte eigentlich besser wirken müssen. Der Versuch wird wiederholt, doch das Resultat ist wieder genauso unbefriedigend. Daraufhin zieht sich der Löschtrupp etwas zurück, um das weitere Vorgehen zu organisieren. Der Einsatzleiter hat das Gefühl, daß irgend etwas nicht stimmt. Er könnte zwar nicht sagen, was es ist, aber er hat einfach ein ungutes Gefühl dabei, in diesem Haus zu sein. Deshalb befiehlt er seinen Männern, das Gebäude zu verlassen – ein völlig normales Haus, an dem nichts Ungewöhnliches zu erkennen ist.

Unmittelbar nachdem die Feuerwehrleute das Gebäude verlassen haben, stürzt der Boden, auf dem sie gerade noch gestanden hatten, ein. Wären sie noch im Haus gewesen, wären sie in das Feuer unter ihnen gestürzt."

Das Gefühl, dass bei diesem Einsatz etwas nicht in Ordnung war, deklarierte der Feuerwehreinsatzleiter als sechsten Sinn, weil er sich nicht erklären konnte, warum er so handelte.

[49] *Vgl. Klein, Gary (2003b), S. 11.*
[50] *Vgl. Klein, Gary (2003a), S. 51.*
[51] *Entnommen aus Klein, Gary (2003a), S. 52.*

Klein und sein Forschungsteam entwickelten im Laufe ihrer Studien ausgefeilte Befragungstechniken, mit deren Hilfe sie hinter diesen mysteriösen sechsten Sinn kommen wollten. Im Beispiel des Feuerwehreinsatzleiters ermittelten sie im Interview folgende Tatsachen:

- Der Einsatzleiter hatte zwar nicht vermutet, dass das Haus einen Keller habe und der Brandherd genau unter dem Wohnzimmer liegen könnte, in dem sie sich befanden, doch hatte er sich schon länger gefragt, warum das Feuer auf die Löschversuche nicht so reagierte, wie es normalerweise hätte reagieren müssen. Zudem bemerkte er, dass die Hitze im Wohnzimmer deutlich größer war, als es bei einem Küchenbrand eines Einfamilienhauses anzunehmen gewesen wäre. Normalerweise erzeugt ein Brandherd viel Lärm. Ein Feuer, das eine solch große Hitze erzeugt, hätte viel lauter sein müssen. Am vermeintlichen Brandort jedoch war es ungewöhnlich still.[52]
- Der Einsatzleiter hatte im Laufe seiner Dienstjahre durch seine Erfahrung mehrere feste Muster gebildet, wie im Normalfall eine solche Brandsituation strukturiert sein müsste. Im vorliegenden Fall gab es jedoch mehrere Diskontinuitäten, welche diesen Mustern widersprachen. Dies löste beim Einsatzleiter Unbehagen aus, worauf der seine Leute aus dem Haus abzog.
- Der Einsatzleiter wusste diese Muster nicht zu beschreiben, doch verschaffte er sich für den Vergleich der Situation mit den gefestigten Mustern einen klaren Überblick der Lage. Unklar war für ihn allerdings, wie er seine Erfahrung nutzen konnte, denn er tat dies nicht explizit. Zudem hätte er die Situation auch anders deuten können. Er konnte das Geschehen beobachten, doch die Prozesse, durch die es ausgelöst wurde, waren ihm unbekannt und deshalb schrieb er seine richtige Reaktion seinem sechsten Sinn – seiner außersinnlichen Wahrnehmung – zu.[53]

Dieses Beispiel veranschaulicht nach Klein eine der wesentlichen Eigenschaften der Intuition: „Wir erkennen Dinge, ohne dass wir wissen, wie wir sie erkennen.“[54] Verantwortlich hierfür sind Muster, die im Unterbewusstsein des Menschen verankert sind. Im Beispiel des Feuerwehreinsatzes hatte der Einsatzleiter bereits vor Einsatzbeginn Vorstellungen darüber, wie unter den gegebenen Rahmenbedingungen der Brandherd aussehen müsste. Den Mustererkennungsprozess skizziert Klein wie folgt:

[52] *Vgl. Klein, Gary (2003a), S. 52.*
[53] *Vgl. Klein, Gary (2003a), S. 53.*
[54] *Klein, Gary (2003a), S. 53.*

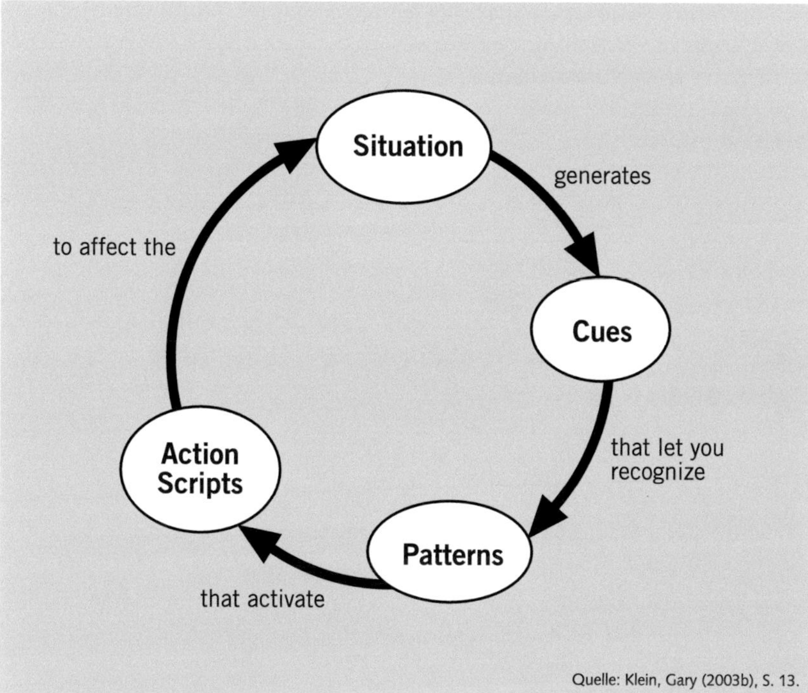

Abb. 1: Mustererkennungsprozess nach Klein

Es werden folgende Phasen durchlaufen:[55]

- ***Situation („Situation")***: Die Ziele wurden der entsprechenden Situation angepasst und sind klar definiert.
- ***Hinweise („Cues")***: Aufspüren von Hinweisen, die im Kontext der Situation relevant sein können, wobei vor allem kritischen Hinweisen Beachtung geschenkt wird.
- ***Muster („Patterns")***: Erstellen von Erwartungen bzw. Vorstellungen über die zukünftigen Zustände. Dadurch ist es möglich, die Genauigkeit der gegenwärtigen Situationseinschätzung zu überprüfen. Werden z. B. die Erwartungen nicht erfüllt, könnte das eine frühere Fehleinschätzung der Situation als Grund haben.
- ***Handlungsempfehlungen („Action Scripts")***: Neben dem typischen Handlungsverlauf sind die der Situation entsprechenden Aktionen bekannt und dafür typisch.

[55] *Vgl. Klein, Gary (1997), S. 285. und Klein, Gary (1993), S.142.*

Dieses Modell beschreibt Kleins Leitgedanken zur Intuition. Wird die intuitive Komponente dieses Modells um die menschliche Fähigkeit, mental Simulationen durchführen zu können, erweitert, hat dies die Entstehung eines neuen Modells – des RPD-Modells[56] – zur Folge. Die mentale Simulation repräsentiert hierbei die rational analytische Kompetenz einer Person.

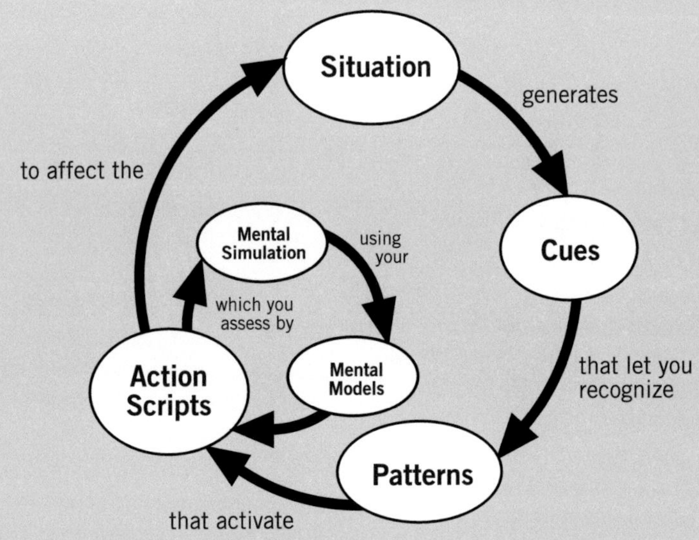

Quelle: Klein, Gary (2003b), S. 16.

Abb. 2: Recognition-Primed Decision Model

Im Gegensatz zu den Vorstellungen Gigerenzers in Kapitel 2.1.1, dass bei Entscheidungen zwischen mindestens zwei Optionen abgewogen wird, ist Klein der Ansicht, dass Entscheidungen getroffen werden können, ohne verschiedene Optionen und deren Stärken und Schwächen miteinander vergleichen zu müssen.[57] Dieser Ansicht schließt sich Simon an, denn auch er schreibt: „Das Muster menschlichen Entscheidens ist oft viel eher ein Stimulus-Reaktionsmuster als eine Auswahl aus Alternativen.“[58]

56 *Die Grundzüge des Modells wurden 1986 durch die Auswertungen von Klein, G./Calderwood, R./Clinton-Cirocco, A. (1986) gelegt. Dabei untersuchten sie mit Hilfe der jüngsten Einsatzberichte die Entscheidungen städtischer Feuerwehreinsatzleiter.*

57 *Vgl. Klein, Gary (2003b), S. 15f. und S. HV.*

58 *Simon, Herbert A. (1981), S. 139.*

Nach Kleins Auffassung stellt man sich in einem ersten Schritt vor, was eine Aktion für Konsequenzen haben könnte. In einem zweiten Schritt wird dieser resultierende Zustand – das Ergebnis – evaluiert. Diesen Prozess bezeichnet er als *mentale Simulation* (das gedankliche Durchspielen der möglichen Auswirkungen einer Aktion). Die Konsequenzen der Aktion werden mental visualisiert. Ist das geistige Bild für den Entscheidungsträger zufriedenstellend, führt er die Aktionen aus. Fühlt er sich unwohl, durchdenkt er die nächstmögliche Aktion. Augenscheinlich vergleicht der Entscheidungsträger nicht zwei Aktionen miteinander, sondern deren imaginierte Resultate. Die mentale Simulation dient der Evaluation von Entscheidungen und hilft herauszufinden, ob die jeweilige Aktion, bevor man sie überhaupt ausführt, zum gewünschten Zustand führen wird. Hierfür werden effektive „mentale Modelle" benötigt.[59]

Klein modifiziert das RPD-Modell in verschiedene Richtungen. Dabei deklariert er die einfache Version des RPD-Modells als eine plakative Erklärung der Intuition.[60] „Bei der einfachen Variante des RPD-Modells schätzen wir eine Situation ein und wissen dann sofort, was zu tun ist: welche Ziele wir verfolgen müssen, was wir erwarten sollten und wie wir auf das zu Erwartende reagieren können."[61]

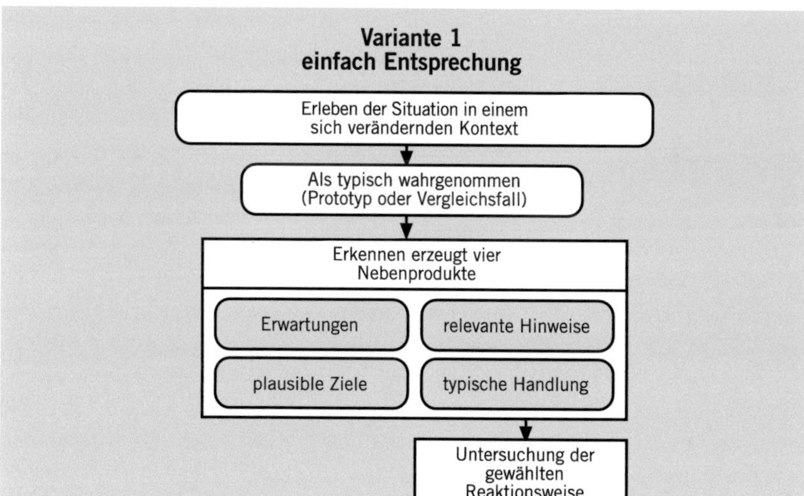

Quelle: Modifiziert entnommen aus Klein, Gary (2003a), S. 44.

Abb. 3: Einfache Version des RPD-Modells

59 *Vgl. Klein, Gary (2003b), S. 16f.*
60 *Vgl. Klein, Gary (2003a), S. 54.*
61 *Klein, Gary (2003a), S. 53.*

Für Entscheidungsträger, deren Entscheidungen auf der einfachen Variante des RPD-Modells beruhen, ist es zunächst notwendig, die jeweilige Situation bzw. veränderten Rahmenbedingungen zu beobachten. Danach wird diese Situation als typisch erkannt und eingestuft. Gleichzeitig zeichnet sich ab, welche Handlungsweise sich wahrscheinlich als erfolgreich erweisen wird. Zum Wiedererkennen einer Situation gehört auch das Bestimmen von Zielen, Hinweisen und Erwartungen. So wird im Anschluss an das Identifizieren der Situation festgelegt, welche Haupt-/Nebenziele, passend zur betreffenden Situation, zu verfolgen sind. Damit werden Prioritäten festgelegt. Neben der Fixierung der Ziele ist es von großer Bedeutung, sich auf die relevanten Hinweise oder Zeichen zu konzentrieren, um sich damit bei gegebener Informationsfülle ausschließlich den wesentlichen Informationen zu widmen. Ferner wird bestimmt, was als nächstes zu erwarten ist. Dies dient dazu, entsprechende Vorbereitungen zu treffen. Des Weiteren können hierdurch Abweichungen erkannt werden, wodurch die Möglichkeit besteht, auf Eventualitäten adäquat reagieren zu können.

Wichtig bei dieser Variante des RPD-Modells ist die Reihenfolge der Aktionen. Es ist z. B. nicht möglich, erst die Ziele zu definieren und sich danach Klarheit über die Situation zu verschaffen. Zu Beginn wird immer die Situation erfasst.[62] „Das Erkennen von Zielen, Hinweisen, Erwartungen und sinnvollen Handlungen gehört zum Wiedererkennen einer Situation dazu. Die Entscheider beginnen also nicht mit den Zielen oder Erwartungen und verschaffen sich nicht erst danach Klarheit über die Art der Situation."[63] Diese Annahme ist äußerst kritisch zu betrachten. Fehlt vor weiteren Wahrnehmungen und Überlegungen eine fixierte Zielorientierung, ist eine Ausrichtung weiterer unbewusster Gedankengänge nur schwer möglich. Im Beispiel des Bohrschen Atommodells hatte Niels Bohr von Anfang an das Ziel, ein tragfähiges Modell über den Aufbau eines Atoms zu entwickeln. Ohne diese Zielfixierung scheint es fraglich, ob das Unterbewusstsein sich mit diesem Problem beschäftigt und Bohr die entscheidende intuitive Eingebung bekommen hätte.

Das RPD-Modell kombiniert zwei grundsätzliche Prozesse miteinander. Es zeigt, wie Entscheidungsträger im Entscheidungsfall eine Situation abschätzen, um eine zukünftige geeignete Abfolge von Handlungen entwickeln zu können. Gleichzeitig demonstriert es, auf welche Art und Weise diese Handlungen evaluiert werden. Dies geschieht durch die Vorstellung der Entscheidungsträger über Auswirkungen und Folgen der angeordneten Handlungen, also deren mentale Simulation.[64]

Zwar wurde das RPD-Modell aus den Untersuchungen unter Zeitdruck stehender Entscheidungen entwickelt, doch wird dieses Entscheidungsmodell auch für Entschei-

[62] *Vgl. Klein, Gary (2003a), S. 43.*
[63] *Klein, Gary (2003a), S. 43.*
[64] *Vgl. Klein, Gary (2003a), S.43.*

dungen herangezogen, bei denen genügend Zeit zur Bewertung von Handlungsoptionen zur Verfügung stehen würde.[65]

Klein spricht dieses Entscheidungsmodell vor allem erfahrenen Entscheidungsträgern zu. Sie haben durch dieses Modell die Möglichkeit innerhalb kürzester Zeit effektive Entscheidungen zu treffen.[66] Dennoch verkennt Klein nicht die Möglichkeiten, rationaler Entscheidungsmodelle und möchte sein Modell nicht als allüberragendes Entscheidungsmodell verstanden sehen.[67] Rationale Entscheidungsmodelle hält er für angemessen, wenn:[68]

- abstrakte Informationen vorliegen,
- die weniger wahrnehmungstechnischer Natur sind, sondern alphanumerischen Charakter haben,
- die Probleme auf komplexe Art miteinander verflochten sind,
- ein Bedürfnis besteht, die ausgewählten Maßnahmen begründen zu können
- und der Entscheidungsträger wenig Erfahrung hat.[69]

Doch hält er die rationale Entscheidungslehre als zu restriktiv, da nur selten ausreichend Zeit und alle Informationen zur Verfügung stehen.[70] Sie würdigt nicht das tief in ihm steckende Potential eines Menschen: Seine Erfahrung und seine Intuition. So erscheint ihm das RPD-Modell als sinnvoll wenn:[71]

- der Entscheidungsträger erfahren ist,
- dieser unter enormem Zeitdruck steht
- und die Rahmenbedingungen weniger stabil erscheinen.

Mit diesem RPD-Modell entzaubert Klein den mystischen Ruf der Intuition, indem er ihr als Grundlage schlichtweg menschliche Erfahrung und in der Vergangenheit gebildete Muster zuspricht. Zudem verzettelt er sich nicht in der Definition von Intuition, sondern gibt ein klar strukturiertes Modell, das man – gewollt oder ungewollt – bei täglichen Entscheidungen einsetzt und mit dem sich dadurch effektiv und effizient agieren lässt. Dennoch sieht er durch sein Modell die Intuition nicht als vollständig beschrieben an und lässt Raum für andere Interpretationen und Modelle. „Intuition mag noch andere Aspekte als die soeben beschriebenen beinhalten."[72]

[65] *Vgl. Klein, Gary (2003a), S.47.*
[66] *Vgl. Klein, Gary (1993), S. 146.*
[67] *Vgl. Klein, Gary (1993), S.146.*
[68] *Vgl. Klein, Gary (1993), S. 146.*
[69] *Vgl. Klein, Gary (1993), S. 139.*
[70] *Vgl. Klein, Gary (2003a), S. 48.*
[71] *Vgl. Klein, Gary (1993), S. 146.*
[72] *Klein, Gary (2003a), S. 53.*

2.2.3 Das Scarce Resource Principle

Robin M. Hogarth ist Professor an der Universität Pompeu Fabra in Barcelona und Forscher am katalanischen Institut für Forschung und fortgeschrittene Studien (ICREA[73]). Er genießt internationales Ansehen in der Psychologie durch diverse Publikationen im Bereich Managementlehre und Urteils- und Entscheidungsfindungen.[74]

Intuitive Reaktionen beschreibt er wie folgt: „they are reached with little apparent effort, and typically without conscious awareness. They involve little or no conscious deliberation"[75]. Intuition ist also nach Hogarth ein müheloses Reagieren bzw. die mühelose Erkenntnis bestimmter Dinge.

Um ein Verständnis über intuitive Abläufe zu bekommen, ist es wichtig, Intuition im Kontext verschiedener Informationsverarbeitungssysteme zu sehen.[76] Im Allgemeinen ist zwischen zwei Extremen zu unterscheiden: Ausschließlich automatischen (angeborenen) und vollständig bewussten Informationsverarbeitungssystemen. Zwischen diesen Extremen gibt es mehrere Abstufungen, wobei alle im Zusammenspiel die gleichen Ziele verfolgen.[77] Die folgende Analogie soll die oben angeführten Ansichten veranschaulichen:[78]

Vorbemerkungen:
Im Folgenden wird der menschliche Organismus durch ein Flugzeug und dessen Pilot beschrieben. Dabei repräsentiert der Pilot das Kurzzeitgedächtnis des Flugzeugs und einen Teil des wahrnehmenden Systems, welches die Aufmerksamkeit des menschlichen Organismus abverlangt. Zudem besitzt der Pilot, aufgrund seiner Flugerfahrung, eine bestimmte Anzahl automatischer Reaktionen, die dem Organismus als intuitive Reaktionen zur Verfügung stehen.

Der Pilot und das Flugzeug

Da kein Pilot in der Lage ist, jeden Prozess zu jedem Zeitpunkt unter Kontrolle zu haben, gibt es in jedem Flugzeug Prozesse, die vollständig automatisiert ablaufen. Sowohl die innerhalb des Flugzeugs ablaufenden Prozesse wie auch die Prozesse,

[73] *Nähre Informationen hierzu unter www.icrea.cat.*
[74] *Vgl. Hogarth, Robin M. (2008a), Internetquelle; Hogarth, Robin M. (2008b), Internetquelle.*
[75] *Hogarth, Robin M. (2001), S. 14.*
[76] *Vgl. Hogarth, Robin M. (2001), S. 175.*
[77] *Vgl. Hogarth, Robin M. (2001), S. 178f.*
[78] *Vgl. Hogarth, Robin M. (2001), S. 178f.*

die sich auf die Bedingungen außerhalb des Flugzeugs beziehen, werden zu jedem erdenklichen Zeitpunkt vom Flugzeug gesteuert. Einige dieser Prozesse sind fest in der Soft- und Hardware des Flugzeugs verankert. Beispielsweise leuchtet im Flugzeug am Kontrollpanel eine Warnleuchte auf, sobald eine vorher bestimmte Füllmenge an Kerosin unterschritten wird. Ein solcher Prozess könnte dem Flugzeug als angeboren bezeichnet werden. Daneben gibt es bestimmte Aufgaben bzw. Prozesse, die dem Flugzeug zusätzlich einprogrammiert werden können (z. B. ein Flugplan). Routinemäßig und automatisch zeichnet das Flugzeug zu jedem Zeitpunkt Daten über den Flugverlauf auf. Auch wenn diese Informationen nicht zwingend gebraucht werden, werden sie im „Gedächtnis" des Flugzeugs gespeichert und stellen eine Art „Erfahrung" des Flugzeugs dar. Wichtig dabei ist, dass diese Informationen nicht die Aufmerksamkeit des Piloten in Anspruch nehmen. Dieser entscheidet, ob er die alleinige Kontrolle über das Flugzeug übernehmen will oder automatische Hilfen bzw. Systeme des Flugzeugs hinzuschalten möchte.

Diese Analogie verinnerlicht die begrenzt bewusste Aufmerksamkeit, die der Pilot dem System zur Verfügung stellen kann. Dem gegenüber steht ein großes Volumen an automatischen Prozessen, welches auch zum Steuern des Gesamtsystems Flugzeug beiträgt. Beide, der Pilot wie auch das Flugzeug, müssen als ein „Supersystem" funktionieren.

Neben einem solchen Zusammenspiel zwischen Pilot und Flugzeug beschreibt diese Analogie auch den Unterschied im Lernprozess dieser beiden Subsysteme. Das Flugzeug selbst ist mit den ihm implementierten automatischen Prozessen nicht in der Lage, neue Zusammenhänge zu lernen. Lediglich durch das Aufzeichnen der Rahmenbedingungen „erlernt" das Flugzeug neue Informationen bzw. prägt sie sich ein. Es lernt also durch das, was geschieht. Der Pilot hingegen lernt nicht nur durch das Geschehen, sondern hat auch die Möglichkeit, seinem Vorstellungsvermögen kontrafaktische Fragen zu stellen. Dies ist auch der entscheidende Unterschied zwischen den automatischen und den bewussten Prozessen: Das Vorstellungsvermögen.[79]

Hogarth unterscheidet mit dieser Analogie zugleich drei verschiedene Arten von automatischen Prozessen:[80]

- Fundamentale Prozesse (*basic processes*): Diese Art von Prozessen sind angeboren. Mit Sicht auf die Flugzeuganalogie sind damit die einprogrammierten Prozesse (siehe Tankanzeige) gemeint.

[79] *Vgl. Hogarth, Robin M. (2001), S. 179.*
[80] *Vgl. Hogarth, Robin M. (2001), S. 180.*

- Primitive Prozesse (*primitive processes*): Diese Art von Prozessen unterscheidet sich in ihrer Ausprägung von System zu System. Übertragen auf das Flugzeug und dessen Pilot wäre darunter das Aufzeichnen potentiell wichtiger Daten (z. B. von Umwelteinflüssen wie Wetter, etc.) durch das Flugzeug zu verstehen.
- Anspruchsvolle Prozesse (*sophisticated processes*): Diese Art von Prozessen hat den gesuchten intuitiven Charakter, den nur der Pilot und nicht das Flugzeug verkörpert. Der prägnante Unterschied zwischen den primitiven und anspruchsvollen Prozessen ist der, dass ausnahmslos die anspruchsvollen Prozesse ein affektives Handeln – also ein unreflektiertes, auf die Situation bezogenes Handeln – beinhalten. Dies impliziert, dass alle Flugsysteme, bestehend aus Flugzeug und Pilot, dadurch differieren, dass jeder Pilot durch seine Erfahrung andere anspruchsvolle Prozesse verkörpert. Ein anschauliches Beispiel gibt hierzu die Notlandung der US Airways 1549 in den Hudson River bei New York. Dabei überlebten alle 155 Insassen. Verhindert hatte die Tragödie der Pilot Chesley Sullenberger. Aufgrund seiner Erfahrungen als Sicherheitsbeauftragter und Ausbilder der Pilotenvereinigung Alpa konnte er, wie wohl nur sehr wenige Piloten, den Airbus A320 auf dem Hudson River notlanden.[81]

Zwar gesteht Hogarth seiner Analogie diverse Schwächen ein, die beispielsweise darin liegen, dass die Aufmerksamkeit des Lesers hauptsächlich auf das vom Menschen Kontrollierbare gezogen wird. Hogarths primäres Anliegen ist es jedoch, mit diesem Vergleich ein bestimmtes Wesensmerkmal von Prozessen zu verdeutlichen. Sein Augenmerk gilt der Differenzierung zwischen den Prozessen, die automatisch oder bewusst – mit bewusster Aufmerksamkeit/Bemühung oder ohne dieses Bewusstsein – ablaufen.[82] Hogarth betont, dass das meiste unseres Verhaltens wie in einem Flugzeug programmiert ist und automatisch abläuft. Dennoch besteht die Möglichkeit, den Autopiloten auszuschalten und selbstständig in einer nie zuvor dagewesenen einzigartigen Art und Weise zu fliegen. Dies ist zwar nicht immer die zuverlässigste Art zu handeln, dessen ungeachtet können diese Handlungsweisen aber auch viele Vorteile mit sich bringen.[83]

Aufbauend auf diesen essentiellen Vorüberlegungen und seinem obersten Grundsatz, dass Intuition verbesserbar und erlernbar ist,[84] entwickelt er ein neues Intuitionsmodell. Anfangs unterscheidet er zwischen zwei Informationsverarbeitungssystemen: Das Deliberate System und das Tacit System.

[81] *Vgl. Welt Online (2009), Internetquelle.*
[82] *Vgl. Hogarth, Robin M. (2001), S. 190f.*
[83] *Vgl. Hogarth, Robin M. (2001), S. 180f.*
[84] *Vgl. Hogarth, Robin M. (2001), S. X.*

Im Zusammenhang mit dem Deliberate System möchte Hogarth bewusst nicht die Begriffe analytisch oder logisch verwenden. Vielmehr versteht er darunter ein System, das durch bewusste und durchdachte Prozesse, die Aufmerksamkeit des Entscheidungsträgers fordert. Ferner ist es ein Informationsverarbeitungssystem, das langsam operiert und einen enormen Aufwand fordert. Als Vorraussetzung für die auf dem Deliberate System basierenden Überlegungen gilt, dass bereits Denkarbeit zur Problemstruktur angestellt wurde.[85]

Das Tacit System agiert automatisch und beansprucht wenig bis keinen Aufwand und keine Aufmerksamkeit. Im Gegensatz zum Deliberate System beinhaltet es alle Prozesse, bei denen Überlegungen weder bewusst noch durchdacht ablaufen. Zudem ist es prinzipiell zielorientiert. Beispielsweise ist beim Durchqueren eines Raumes, um am anderen Ende einen Gegenstand aufzuheben, das Aufheben des Gegenstandes das bewusst formulierte Ziel. Das Laufen zum Gegenstand am anderen Ende des Raumes erfolgt zwar zielorientiert, jedoch unbewusst und automatisch.[86] Folgende Grafik illustriert Hogarths Verständnis von Intuition:

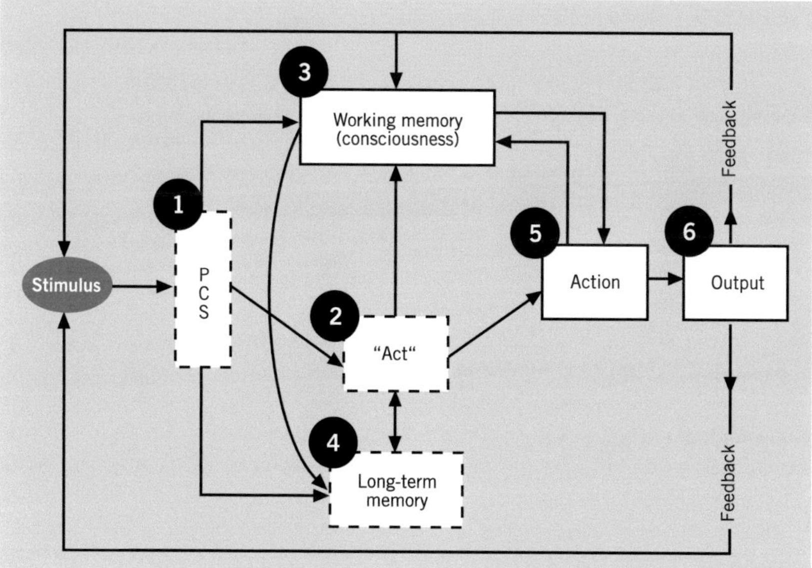

Quelle: Hogarth, Robin M. (2001), S. 196.

Abb. 4: Intuitionsverständnis nach Hogarth

[85] *Vgl. Hogarth, Robin M. (2001), S. 191ff.*
[86] *Vgl. Hogarth, Robin M. (2001), S. 191ff.*

Die gepunkteten Kästchen mit den Nummern eins, zwei und vier repräsentieren das Tacit System, wohingegen das Kästchen drei für das Deliberate System steht. Die Kästchen fünf und sechs stehen für die Aktion und den daraus resultierenden Output. Prinzipiell sind nur diese zwei Kästchen von der Umwelt (dem Entscheidungsträger oder einer anderen Person) zu beobachten. Der Kerngedanke, dass die Aufmerksamkeit eines Menschen als knappe Ressource anzusehen ist,[87] bezieht sich auch auf das Deliberate System.[88] Hogarth sieht das Prinzip der knappen Ressourcen als Grundlage des Intuitionsmodells.[89] Diese Ansicht der begrenzt verfügbaren Aufmerksamkeit deckt sich mit den Vorstellungen des Nobelpreisträgers Herbert A. Simon. Zu seinem *Prinzip der begrenzten Rationalität* (principle of bounded rationality) schreibt er:

„The capacity of the human mind for formulating and solving complex problems is very small compared with the size of the problems whose solution is required for objectively rational behavior in the real world – or even for a reasonable approximation to such objective rationality."[90]

Am Anfang werden alle eingehenden Stimuli von einem vorbewussten Filter (perconscious screen) geprüft und anschließend an das unbewusste oder das bewusste Informationsverarbeitungssystem weitergegeben. Diesen unterschwellig ablaufenden Prozess bezeichnet Hogarth als intuitiv. Die ankommenden Stimuli können sowohl externen (aus der Umwelt des Entscheidungsträgers) wie auch internen (aus der Person selbst; z. B. eine Gedanke führt zu einem anderen Gedanken) Charakter aufweisen.[91]Anschließend können drei verschiedene Situationsabläufe unterschieden werden:[92]

- Unbewusstes Speichern von Informationen
- Automatische Reaktion
- Bewusste Reaktion

Unbewusstes Speichern von Informationen:

Nachdem der Reiz geprüft wurde (Kästchen 1) und entschieden wird, dass dem Stimulus weder Aufmerksamkeit noch ein Handeln zuzuordnen ist, wird er im Langzeitgedächtnis (Kästchen 4) abgespeichert. Dort steht er für künftiges Handeln bis auf Abruf

87 *Vgl. Hogarth, Robin M. (2001), S. 277; siehe hierzu auch Simon, Herbert A. (1969); Bazerman und Chugh konkretisieren diesen Gedanken mit ihrem Konzept der begrenzten Aufmerksamkeit (bounded awareness) in: Bazerman, M./Chugh D. (2006).*

88 *Vgl. Hogarth, Robin M. (2001), S. 196.*

89 *Vgl. Hogarth, Robin M. (2001), S. 200.*

90 *Simon, Herbert A. (1957), S. 198.*

91 *Vgl. Hogarth, Robin M. (2001), S. 196.*

92 *Vgl. Hogarth, Robin M. (2001), S. 196.*

zur Verfügung. Bei diesem Prozess, dem Herzstück des Tacit System, entsteht keinerlei Anstrengung oder Bewusstsein, dass die Information abgespeichert wurde. Damit ist die enorme Bedeutung dieses Prozesses unverkennbar. Durch das unbewusste Speichern von Informationen, ohne dabei die knappe Ressource Aufmerksamkeit zu verbrauchen, können auf leichte Weise viele Informationen abgespeichert werden, an die sich die Person bewusst nicht erinnern kann. Werden diese Informationen gebraucht, kann sich an diese erinnert (Kästchen 2) und ins Bewusstsein (Kästchen 3) gerufen werden, worauf eine entsprechende Aktion (Kästchen 5) erfolgt. Es ist auch möglich, dass allein die Erinnerung an eine Information (Kästchen 2) – ohne „Umweg" über das Bewusstsein (Kästchen 3) – eine direkt unbewusst erfolgende Aktion (Kästchen 5) herbeiführen kann.[93]

Automatische Reaktion:

Folgendes Beispiel soll diese Art von Reaktion verdeutlichen:

> Auf einer Baustelle werden mit einem neben dem Rohbau stehenden Kran, zwanzig Betonsäcke in den ersten Stock transportiert. Der erfahrene Polier Werner befindet sich neben der Palette mit den zwanzig Betonsäcken und gibt dem Kranführer mit seinem Funkgerät entsprechende Anweisungen. Während des Hebevorgangs beobachtet er den Maurer Sebastian, der ihm bekannt ist für seine ungenauen Arbeiten. Als sich die Betonsäcke zirka sechs Meter direkt über Werner befinden, hört er das tragende Seil eigenartig knirschen, wie es normalerweise nicht der Fall ist. Ohne zu überlegen springt Werner auf die Seite, und schon im nächsten Augenblick reißt das Seil und die beladene Palette fällt zu Boden. Werners Bauchgefühl, zur Seite zu springen, als er das ungewohnte Knirschen des Seils hörte, rettete ihm das Leben.

Übertragen auf die Abbildung 4 ist der auslösende Reiz für Werners Reaktion das ungewohnte Knirschen des Seils. Nachdem dieser Reiz vom vorbewussten Filter (Kästchen 1) geprüft wurde, wird er in die Handeln-Funktion (Kästchen 2) übermittelt, was die Aktion (Kästchen 5), also das Zur-Seite-Springen, auslöst. Werners Reaktion bedarf keines bewussten Nachdenkens, was dennoch nicht bedeuten soll, dass das Bewusstsein über die Situation nicht vorhanden war. Der Reiz der vom vorbewussten Filter (Kästchen 1) ausgeht, wird auch in das Bewusstsein oder Arbeitsgedächtnis (Kästchen 3) transferiert. Der Unterschied ist der, dass dieser Weg mehr Zeit als für eine rechtzeitige Reaktion vorhanden in Anspruch nimmt und somit Werner die Gefahr erst bewusst realisiert, nachdem er zur Seite gesprungen war.

[93] *Vgl. Hogarth, Robin M. (2001), S. 197.*

Dieses Beispiel, welches eine klassische Angstreaktion wiedergibt, kann auch auf andere Arten von Aktionen und Reaktionen übertragen werden.[94]

Bewusste Reaktion:

Bei der bewussten Reaktion wird der Reiz, nachdem er vom vorbewussten Filter (Kästchen 1) verarbeitet wurde, in das Arbeitsgedächtnis oder Bewusstsein (Kästchen 3) transferiert. Von dort aus löst er eine Aktion (Kästchen 5) aus, welche sich in einem Output (Kästchen 6) widerspiegelt. Dieser Weg verkörpert das Deliberate System. Er beinhaltet einen zeitaufwendigen Prozess, der die Aufmerksamkeit des Entscheidungsträgers beansprucht. Ein Beispiel hierzu ist das Lösen eines Kreuzworträtsels.[95]

Auch wenn die Mehrzahl der täglichen Prozesse automatisch abläuft – also dem Tacit System zugrunde liegt – können diese Prozesse vom Deliberate System überstimmt werden.[96]

Beispielsweise kann das Binden der Schnürsenkel automatisch, ohne bewusstes Nachdenken, erfolgen. Gleichwohl kann man aber auch bewusst Überlegungen über die notwendigen Teilschritte (das Formen der ersten Schlaufe etc.) anstellen. Wie man schon vermuten kann, wird in den meisten Fällen das automatische Binden der Schnürsenkel rascher erfolgen, als wenn man bei jedem Handgriff Gedanken über deren Ausführung anstellen würde. Es ist also möglich, bewusst Intuitionen zu beeinflussen, indem man sich entscheidet, ob automatische Prozesse zugelassen werden oder nicht.[97]

Der Unterschied zwischen dem Tacit System und dem Deliberate System liegt in der Schnelligkeit einer Problemlösung. Das Tacit System identifiziert schnell die wesentlichen Aspekte des Problems, wohingegen das Deliberate System sich schrittweise und mit viel Aufwand dem Problem nähert.[98] Diese Ansichten Hogarths decken sich mit den Vorstellungen von Klein. Er ist wie Hogarth der Meinung, dass intuitive Entscheidungen ohne bewusste Erkenntnis und bewussten Aufwand möglich sind.[99] Daneben glaubt er, dass Intuition „enable[s] people to make good decisions without having to perform deliberate analyses".[100]

Es ist schwierig zu erkennen, ob eine Reaktion auf dem Tacit System oder dem Deliberate System beruht. Ausschlaggebend ist unter anderem, wie vertraut der Entscheidungsträger mit dem Thema ist. Sowohl ein Experte wie auch ein Anfänger nutzen beide Systeme. Ein Experte hat die Möglichkeit, seine Intuition aus dem Tacit System durch

[94] *Vgl. Hogarth, Robin M. (2001), S. 197ff.*
[95] *Vgl. Hogarth, Robin M. (2001), S. 199f.*
[96] *Vgl. Hogarth, Robin M. (2001), S. 200.*
[97] *Vgl. Hogarth, Robin M. (2001), S. 200.*
[98] *Vgl. Hogarth, Robin M. (2001), S. 200.*
[99] *Vgl. Klein, Gary (2003b), S. HVI.*
[100] *Vgl. Klein, Gary (2003b), S. HVII.*

Überlegungen zu überprüfen (Deliberate System). Ein Laie hingegen, der zwangsläufig weder über eine intuitive Eingebung noch durch das Anstellen von Überlegungen zwingend zu einem richtigen Ergebnis kommt, muss sich mit einer intuitiv gegebenen Lösung begnügen. Der Unterschied liegt darin, dass die durch sein Fachwissen vom Experten intuitiv gewonnene Lösung, mit einer höheren Wahrscheinlichkeit zweckmäßig ist als die des Laien, der schon glücklich über jeden Ausfluss seines Tacit Systems – jede intuitive Eingebung – sein darf. Dies verdeutlicht, dass intuitive Urteile durch das Tacit System keinesfalls immer fundiert und wohlbegründet sein müssen.[101]

2.2.4 Intuitions- und Rationalitätsverständnis nach Müller

Jochem Müller ist Professor an der Hochschule Ansbach. Er ist der Begründer des intuitiven Controlling-Ansatzes innerhalb der Wirtschaftswissenschaften und ist davon überzeugt, dass „Intuition" als zusätzliches Kompetenzfeld im Controlling hilfreich ist, die moderne Unternehmenssteuerung weiter zu verbessern.

Nach Müllers Grundauffassung können bewusste Prozesse simultan zu unbewussten Prozessen erfolgen. Das Resultat dieser zwei Prozessarten führt zu einer Synthese aus Rationalität und Intuition. Keine Entscheidungshandlung beruht demnach auf isolierter Rationalität oder reiner Intuition, als Teilaspekt der Irrationalität. Vielmehr sind Entscheidungen durch einen simultanen Mix dieser unterschiedlichen Informationsverarbeitungssysteme geprägt. Die Abbildung 5 verdeutlicht dieses Zusammenspiel:

Ausgangspunkt einer jeden Handlung ist ein auslösender Impuls. Dieser Impuls kann exogener oder endogener Art sein. Gemäß des Simultanitätsansatzes initiiert ein Impuls rationale Prozesse, die durch ein bewusstes Wahrnehmen (durch Sehen, Riechen, Hören, Schmecken und Fühlen) aufgenommen werden. Gleichzeitig finden irrationale Prozesse statt: Die unbewusste Wahrnehmung.

Einen Kerngedanken des Modells bildet die dynamische Interaktion von Rationalität/Bewusstsein und Intuition/Unbewusstsein. Demnach stehen die rationale und irrationale Sphäre in einem ständigen Austauschprozess. Der Rationalität ist hierbei der Prozess des Denkens und Fühlens inhärent. Der Intuition ist der Prozess des Empfindens und Intuierens zuzuordnen. Sowohl Intuition als auch Rationalität lassen sich in Situativ-Rationalität bzw. Intuition und Referenz-Rationalität bzw. -Intuition unterscheiden.

[101] *Vgl. Hogarth, Robin M. (2001), S. 200ff.*

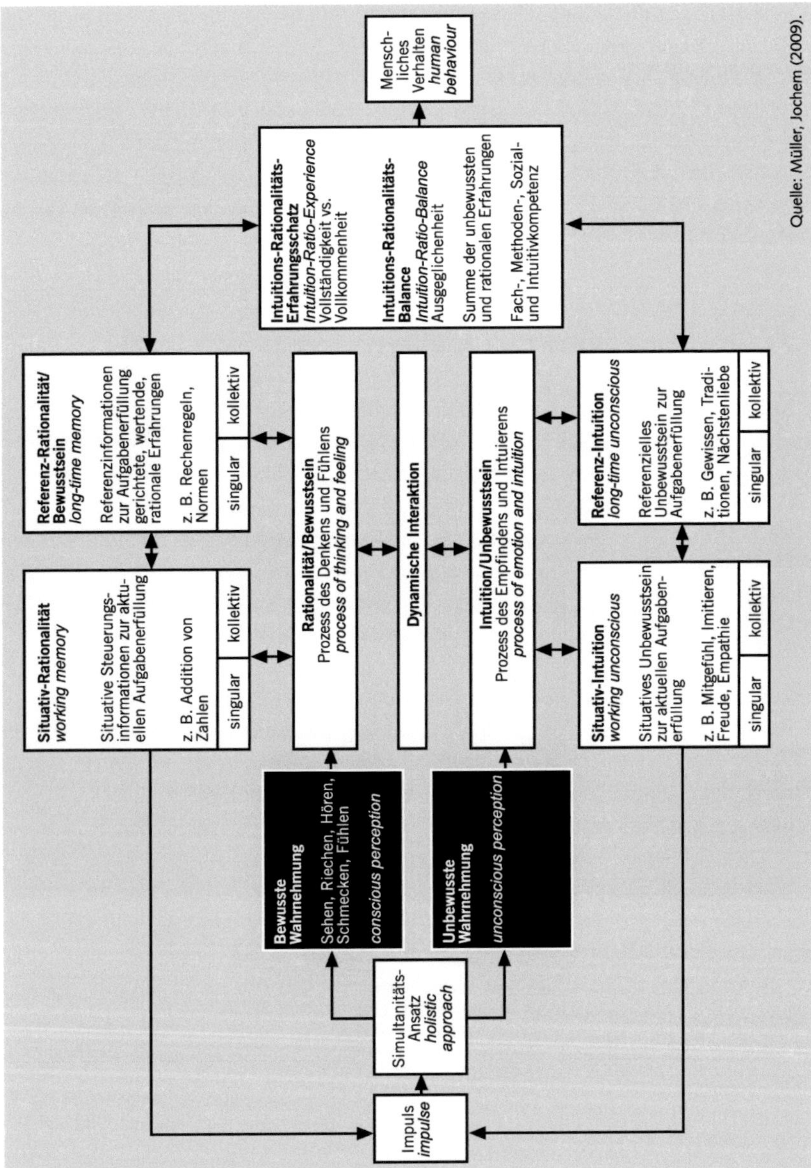

Abb. 5: Intuitions-Rationalitätsmodell nach Müller

Angelehnt an die Vorstellung eines Kurz- und Langzeitgedächtnisses sowohl für irrationale als auch für rationale Gedanken ist davon auszugehen, dass zwischen den Gedächtnisteilen ein permanenter Austausch herrscht. Die Rationalität verwendet diese Speicherzentren um situative Steuerungsinformationen zur aktuellen Aufgabenerfüllung (z. B. Addition von Zahlen) im Kurzzeitgedächtnis und Referenzinformationen zur Aufgabenerfüllung (z. B. Rechenregeln oder Gesetzesnormen) im Langzeitgedächtnis abzulegen. Ähnliches gilt für die Intuition. Sie speichert im Kurzzeitgedächtnis situative Gefühle zur aktuellen Aufgabenerfüllung (z. B. Mitgefühl, Imitieren, Freude oder Emphatie) und die Referenzgefühle zur Aufgabenerfüllung (z. B. Gewissen, Traditionen oder Nächstenliebe) im Langzeitgedächtnis. Die rationale und intuitive Interaktion kann dabei eine singulare und/oder kollektive Perspektive umfassen. Demnach kann sich die Situativ-/Referenz-Rationalität beispielsweise auf individuelle oder gemeinschaftliche Aufgabenerfüllung beziehen (Einzelarbeit bzw. Teamarbeit) und hierzu auch individuelle und gemeinschaftliche Referenzinformationen verarbeiten (z. B. eigene Zielsetzungen, gemeinsame Wertvorstellungen). Ebenso ist es denkbar, dass die Situativ-Intuition und die Referenz-Intuition eine singulare bzw. kollektive Sichtweise einnimmt. Hier spielen beispielsweise die eigene Freude, das Mitgefühl mit anderen, das eigene Gewissen oder gemeinsame Rituale oder Bräuche eine Rolle.

Die gemachten Erfahrungen aus der bewussten und unbewussten Wahrnehmung werden gespeichert und im Intuitions-Rationalitäts-Erfahrungsschatz akkumuliert. Dabei strebt der einzelne Mensch nach einer Vollständigkeit und nicht nach einer Vollkommenheit seiner Persönlichkeit. Der Mensch muss lernen, seine Grenzen zu erkennen und zu akzeptieren. Gleichzeitig ist für jeden Mensch die innere Ausgeglichenheit von großer Bedeutung. Diese Balance symbolisiert die Intuitions-Rationalitäs-Balance.

Rationale und emotionale Erfahrungen formen die Persönlichkeit eines Menschen. Schlussendlich ändert sich das Verhalten und die Persönlichkeit des Entscheidungsträgers langfristig durch einen reichen Erfahrungsschatz des Individuums.

Das Intuitions-Rationalitätsmodell nach Müller beschreibt das Zusammenspiel und die Simultanität von bewusster und unbewusster Wahrnehmung. Verinnerlicht man, dass die Intuition einen Teilaspekt der unbewussten Wahrnehmung repräsentiert, verdeutlicht das Modell von Müller die Parallelität rationaler und intuitiver Prozesse.

Damit teilt er die Auffassung Simons, der der Meinung ist, dass „intuition is not a process that operates independently of analysis; rather, the two processes are essential complementary components of effective decision-making systems."[102]

[102] *Simon, Herbert A. (1987), S. 61.*

2.2.5 Intuition, basierend auf Erfahrung

Bislang konnte man sich in der Wissenschaft auf keine einheitliche Definition von Intuition verständigen. Dennoch kristallisiert sich ein gemeinsamer Konsens heraus. Viele namhafte Intuitionsforscher sind sich einig, dass sich Intuition (teilweise oder in vollem Umfang) auf die Erfahrung einer Person stützt.[103]

Simon, der sich 1987 in seinem Arbeitspapier *Making Management Decision: The role of Intuition and Emotion* intensiv mit der Intuition auseinandersetzte, unterscheidet darin zwischen rationalen und nicht-rationalen Prozessen. Unter den nicht-rationalen Prozessen sind in der Terminologie dieses Buches auch die intuitiven Prozesse zu verstehen. Dabei zieht Simon einen klaren Trennstrich zwischen dem nicht-rationalen Charakter intuitiver Entscheidungen/Urteile und den irrationalen Entscheidungen, die gestressten Gefühlsregungen zugeschrieben werden. Simon glaubt, dass Experten beim Lösen komplexer Aufgabenstellungen, in ihrem Entscheidungsprozess viele bewusste Überlegungen anstellen. Der Unterschied zum Laien besteht darin, dass jeder bewusste Gedankengang eines Experten einen beachtlichen Satz an unbewussten Überlegungen beinhalten kann. Simon sieht also die Erfahrung als Grundlage dieser intuitiven Prozesse.[104]

Harvard-Professor Isenberg untersuchte die alltäglichen Entscheidungen von zwölf Bereichsleitern in sechs Unternehmen. Er wollte die allgemeine Ansicht widerlegen, dass Manager mit Hilfe einer Reihe an Analysen ausschließlich rational und zweckgerichtet entscheiden.[105] Isenberg fand schon 1984 bei dieser Studie heraus, dass Intuition auf einer umfassenden Erfahrung der Bereichsleiter beruht und kein regelloser Prozess des Ratens ist. Seiner Ansicht nach ist Intuition weder ein beliebiges noch irrationales Handeln. Intuition beruhe auf jahrelanger praktischer Erfahrung und akribischer Arbeit. Sind die Erfahrungen dadurch fundiert zustande gekommen, gilt das auch für die Intuition.[106]

Zwei Jahre später glaubt Bechtler, dass neben der Erfahrung auch angeborene Fähigkeiten der Intuition zugesprochen werden können. Den Stellenwert der Erfahrung beschreibt er aber wie folgt: „Dank Erfahrung wird die potentielle intuitive Begabung aktuell. Die Intuition entwickelt sich durch die Summe der gemachten Erfahrungen ständig weiter. In Anlehnung an die Neurologie kann diese geschulte und auch mit rationaler Erkenntnis angereicherte Intuition als » Beta Intuition « bezeichnet werden.“[107] Diese Beta-Intuition, die zukünftige Verhaltensmuster reflektiert, wird durch Erfolge und Misserfolge in der

[103] *Siehe hierzu: Isenberg, Daniel J. (1984); Kleinmuntz, Benjamin (1990); Simon, Herbert A. (1987); Ray, M./ Myers, R. (1990); Hograth, Robin M. (2001); Parikh, Jagdish (1994); Prietula, M. J./Simon, H. A. (1989); Agor, Weston H. (1990); Gigerenzer, Gerd (2007); Klein, Gary (2003b); Harung, Harald S. (1993).*

[104] *Vgl. Simon, Herbert A. (1987), S. 59ff.*

[105] *Vgl. Isenberg, Daniel J. (1984), S. 81.*

[106] *Vgl. Isenberg, Daniel J. (1984), S. 85f.*

[107] *Bechtler, Thomas W. (1986), S. 30.*

Vergangenheit beeinflusst. Bechtler sieht die Beta-Intuition zwischen den zwei Extremen – wissenschaftliches Denken und spontane Intuition –. [108]

Stewart Shapiro[109], Professor der Philosophie an der Ohio State Universität, gilt als renommierter Forscher der mathematischen Philosophie. Mark T. Spence[110] ist Marketingprofessor an der Bond University in Australien. Beide Professoren sehen die Intuition „as a nonconscious, holistic processing mode in which judgments are made with no awareness of the rules or knowledge used for inference and can fell right despite one's inability to articulate the reason“[111]. Beide sind sich einig, dass Intuition Erfahrung voraussetzt und durch Erfahrung ein größeres Repertoire an Mustern gebildet werden kann.[112]

Nach einer Studie an 60 Fachleuten verschiedenster Fachrichtungen sind 56 Prozent aller Befragten der Ansicht, dass ihre Intuitionen auf ihren Erfahrungen beruhe. Nur 40 Prozent gaben an, dass sie unter Intuition ein Gefühl – ihr Bauchgefühl – verstehen. Keiner der Probanden mutmaßte der Intuition einen paranormalen oder übersinnlichen Charakter an. Burke und Miller schlussfolgern daraus, dass Intuition einer mentalen Karte oder einem mentalen Schema ähnle. Diese Karten oder Schemata wurden aufgrund jahrelanger Praxis gewonnen. Neben der Erfahrung sehen Burke und Miller auch Emotionen als eine die Intuition beeinflussende Komponente.[113] Verwendung findet Intuition vor allem in Situationen, in denen schnell zu entscheiden ist, die Informationen unvollständig sind oder ein Übermaß an Informationen vorliegt, keine klaren Vorgaben existieren oder das Problem durch bewusstes Überlegen nicht zu bewältigen ist. Daneben fanden Burke und Miller heraus, dass insbesondere ältere und erfahrene Personen sich auf ihre Intuition verlassen.[114]

Gigerenzer erklärt die Intuition mit Hilfe von Faustregeln (siehe Kapitel 2.2.1). Eine der Faustregeln, die ohne die Erfahrung erst gar nicht zur Verfügung stehen kann, ist die Wiedererkennungsheuristik. Sie nutzt die kognitive Fähigkeit des Wiedererkennens von Objekten (Bilder, Namen etc.) aus, allerdings ohne dass man sich erinnern kann, jemals von diesem Objekt gehört oder es gesehen zu haben. Als Grundvoraussetzung für das Wiedererkennen (Wiedererkennungsheuristik) und der Take-The-Best-Heuristik sind die in der Vergangenheit gemachten Erfahrungen. Dessen ungeachtet, schränkt Gigerenzer die Notwendigkeit von Erfahrungen bei der Wiedererkennungsheuristik ein. Die Wiedererkennungsheuristik beruht nach Goldstein und Gigerenzer auf dem *Less-Is-More-Effekt.*

[108] *Vgl. Bechtler, Thomas W. (1986), S. 30ff.*
[109] *Siehe auch Shapiro, Stewart (2007), Internetquelle.*
[110] *Siehe auch Spence, Mark T. (2008), Internetquelle.*
[111] *Shapiro, S./Spence, M.T. (1997), S. 64.*
[112] *Vgl. Shapiro, S./Spence, M.T. (1997), S. 64.*
[113] *Vgl. Burke, L.A./Miller, M.K. (1999), S. 91f.*
[114] *Vgl. Burke, L.A./Miller, M.K. (1999), S. 94.*

Dieser besagt, dass Personen mit weniger Hintergrundinformationen mehr fehlerfreie Entscheidungen treffen, als Personen, denen zahlreiche Informationen zur Verfügung stehen.[115] Mit Blick auf die notwendige Grundversorgung an Informationen relativiert sich der Less-Is-More-Effekt von selbst. Als unumgängliche Notwendigkeit für Faustregeln postuliert Gigerenzer evolvierte Fähigkeiten. Darunter subsumiert er neben Sprache und Emotionen u. a. auch die Erfahrung.[116]

Hogarth erklärt intuitives Handeln durch das Deliberate System und das Tacit System (siehe Kapitel 2.2.3). Beide Systeme werden durch Informationen gespeist, die in der Zukunft für ein intuitives Handeln zur Verfügung stehen. Für die Informationsversorgung räumt er den gemachten Erfahrungen einen hohen Stellenwert ein. Intuition sieht er als eine Art Gedankenwelt eines Experten. Das Wissen hierfür kann auf zwei verschiedene Weisen gewonnen werden. Entweder intellektuell (durch das Deliberate System) oder experimentell (durch das Tacit System). Intuitionen, die auf Expertenwissen zurückzuführen sind, werden primär durch Erfahrungen gewonnen.[117] Auch Müller erklärt intuitives Verhalten auf der Basis des erworbenen Intuitons-/Rationalitäts-Erfahrungsschatzes. Demnach korreliert die intuitive Kompetenz stark mit der Summe der Erfahrungen auf der Basis von Denken, Fühlen, Empfinden und Intuieren.

Klein ist der Überzeugung, dass Intuition kein angeborenes Wesensmerkmal ist.[118] Er ist derjenige aller Autoren, der der Erfahrung die größte Bedeutung beimisst: „I define intuition as the way we translate our experience into action.“[119] Dabei beschäftigt er sich vornehmlich mit Erfahrungen – also Intuitionen – ,die im Berufsleben gemacht worden sind. Allerdings glaubt er nicht, dass die Intuition allein mit der Erfahrung und den Abweichungen der dadurch gebildeten Muster zu erklären sei.[120]

2.3 Controllingkonzeptionen in der deutschsprachigen Literatur

In der deutschsprachigen Literatur findet man eine Vielzahl von Controllingansätzen,[121] jedoch „existiert bislang nicht einmal eine breit akzeptierte Konzeption, geschweige

115 *Vgl. Goldstein, D. G./Gigerenzer, G. (1999), S. 45f.*
116 *Vgl. Gigerenzer, G. (2007), S. 69ff.*
117 *Vgl. Hogarth, Robin M. (2001), S. 23.*
118 *Vgl. Klein, Gary (2003a), S. 54.*
119 *Klein, Gary (2003b), S. HVI.*
120 *Vgl. Klein, Gary (2003a), S. 65.*
121 *Eine Übersicht hierzu in: Hahn, D./Hungenberg, H. (2001), S. 272ff.; Küpper, Hans-Ulrich (2001), S. 5ff.; Friedl, Birgit (2003), S. 148ff.*

denn eine Theorie des Controlling".[122] Auch die Typisierung der Fülle an Ansätzen und Konzeptionen ist äußerst komplex und hat bis heute keinen Anspruch „homogen oder zumindest ähnlich zu sein."[123]

Als sinnvoller Ausgangspunkt, der Controllingtheorie im deutschsprachigen Raum näher zu kommen, wird hier der Auffassung von Weber und Schäffer gefolgt. In diesem Zusammenhang wird nachfolgend zwischen dem informationsorientierten, dem planungs- und kontrollorientierten, dem koordinationsorientierten und dem rationalitätssicherungsorientierten Ansatz unterschieden. Daneben wird auch die Auffassung eines praxisnahen Controllingansatzes des Internationalen Controller Vereins e.V. (ICV) dargelegt.

Zu berücksichtigen ist weiterhin, dass diese Darstellung von Controllingansätzen keinen Anspruch auf Vollständigkeit erhebt, sondern als Einblick in traditionelle und neuere Controlling-Konzeptionen verstanden werden soll. Es ist nicht möglich, Controlling aus theoretischer Sicht trennscharf abzugrenzen. Aus diesem Grund werden in der Fachliteratur auch heute noch Diskussionen zu jedem Ansatz geführt bzw. besteht Uneinigkeit in deren Interpretation. Bislang ist daraus noch kein breit akzeptierter Konsens zu einem einheitlichen Controllingverständnis hervorgegangen.

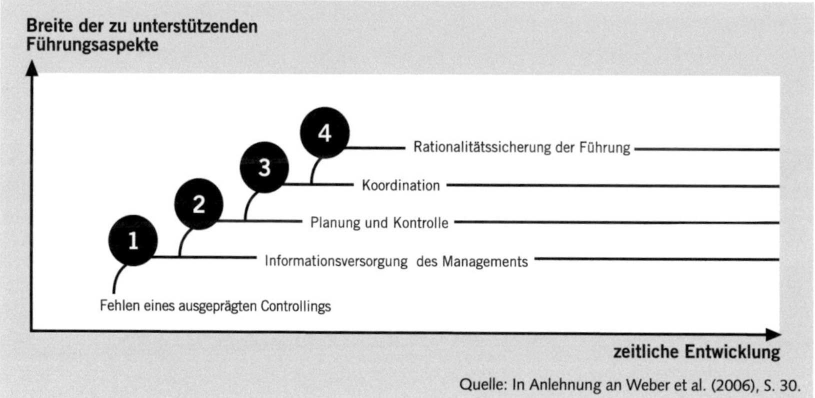

Abb. 6: Controllingverständnis in der deutschsprachigen Literatur

Als notwendige Ergänzung dieser Ansätze sehen wir den intuitiven Ansatz. Mit diesem innovativen Ansatz möchten wir die Akzeptanz und Eingliederung der Intuition, die bereits ein unumgänglicher Bestandteil im Entscheidungsverhalten des Managements ist, auch im Controlling vorantreiben. In Kapitel 3 werden wir ausführlich auf dieses Thema eingehen.

[122] *Dyckhoff, H./Heinz, A. (2001), S. 111; siehe auch Schildbach, Thomas (1992). S. 25.*
[123] *Weber, J./Schäffer, U. (1999a), S. 732.*

2.3.1 Informationsorientierter Controllingansatz

Den Kern des Controlling ausschließlich auf eine Informationsversorgungsfunktion zu beziehen, geht maßgeblich auf Müller und Reichmann zurück.[124] Diese Ausrichtung soll anhand des Grundverständnisses von Müller vorgestellt werden.

Der informationsorientierte Ansatz nach Müller versucht „das Controlling als eine zentrale Einrichtung der betrieblichen Informationswirtschaft … zu konzipieren."[125] Er sieht die zentrale Aufgabe des Controlling in der „Koordinationsaufgabe, die darin zu bestehen hat, in innovativer Weise ständig den Informationsbedarf der Planungs- und Entscheidungsträger der Unternehmung mit den Aktivitäten der innerbetrieblichen Informationserfassung und -verarbeitung möglichst effizient aufeinander abzustimmen."[126] Für die Entscheidungsträger stehen bei der Informationsversorgung alle entscheidungsrelevanten Daten im Mittelpunkt. Dabei ist darauf zu achten, dass alle Informationen[127] in der Art und Weise aufbereitet werden, dass jede Aktivität im Unternehmen bzw. das gesamte Handeln des Managements ergebnisorientiert ausgerichtet ist.[128]

Im Wesentlichen stellen sich, abgeleitet aus dem Controllingverständnis nach Müller, folgende Fragen:

- Welche Informationen werden – in welchem Kontext – benötigt? *(Informationsbedarf)*
- Wie werden die Informationen erfasst und wie nützlich sind sie? *(Informationserfassung und -bewertung)*
- Wie und wem werden die Informationen bereitgestellt? *(Informationsaufbereitung und -bereitstellung)*

Im Allgemeinen wird vom Controlling, wie auch von jeder anderen Abteilung eines Unternehmens, ein ökonomisches Wirtschaften erwartet. Bezüglich der Informationsversorgung bedeutet das für den Controller, nur die Informationen zu ermitteln, die auch vom Entscheidungsträger gefordert werden, da auch Informationen als Wirtschaftsgüter betrachtet werden können und somit durch ihre Ermittlung und Aufarbeitung Kosten entstehen.[129]

Nach Weber und Schäffer gibt es zwei verschiedene Arten, den Informationsbedarf zu konkretisieren. Fordert das Management zu bestimmten Entscheidungen wiederholt

[124] *Siehe hierzu Müller, Wolfgang (1974) und Reichmann, Thomas (2001).*
[125] *Müller, Wolfgang (1974), S. 683.*
[126] *Müller, Wolfgang (1974), S. 686f.*
[127] *Unter Informationen verstand Wittmann, Waldemar in: Unternehmung und unvollkommene Informationen, Köln und Opladen 1959, S. 14: „Wissen, das der Vorbereitung zielorientierter Handlungen dient".*
[128] *Vgl. Hahn, D./Hungenberg, H. (2001), S. 265.*
[129] *Vgl. Horváth, Péter (2003), S. 350.*

gleichartige Informationen ein, ist davon auszugehen, dass diese in ihrer Art oder Menge dem Management im Prozess der Willensbildung wohl äußerst relevant erscheinen. Diese herrschende Informationslücke kann durch eine dauerhafte Integrierung dieser Informationen in die Entscheidungsvorlage geschlossen werden. Werden auf der anderen Seite vom Controlling aufbereitete Informationen vom Management langfristig als überflüssig angesehen, kann auf deren Bereitstellung verzichtet werden.[130]

Neben dem Erörtern der Informationswünsche des Managements gehört zum Informationsbedarf auch die Klassifizierung der Informationen.[131] Diese lassen sich beispielsweise in intern oder extern und monetär oder nicht-monetär kategorisieren.

Als klassisch monetär lassen sich die Daten des Rechnungswesens beschreiben. Durch die Informationsversorgung aus dem Rechnungswesen misst neben Reichmann auch Schmidt dem Controlling eine herausragende Bedeutung bei.[132] Gleichzeitig räumt er ein, dass neben diesen monetären aber auch qualitative Informationen verarbeitet werden müssen, da diese vom Management vornehmlich für strategische Entscheidungen von großem Nutzen sein können.[133] Weber geht sogar soweit, zu glauben, dass, wenn Controller ihr Hauptaugenmerk weiterhin auf monetäre Daten legen, „ihre Funktion der Informationsversorgung des Managements in der Bedeutung komparativ abnehmen“[134] wird.

Nachdem der Informationsbedarf feststeht, gilt es die Daten zu erfassen. Grundsätzlich ist eine strikte Trennung zwischen Erfassen und Bewerten der Daten als schwierig anzusehen. Weber und Schäffer nennen hierzu drei Gründe:[135]

- Bereits vor der Erfassung müssen bzw. sollten Überlegungen hinsichtlich der Auswertungsoptionen angestellt werden. Wird dieser Schritt übergangen, werden entscheidungsrelevante Daten evtl. nicht erfasst und können somit im späteren Verlauf nicht ausgewertet werden. Auf der anderen Seite bedeutet eine Aufnahme mehrerer und dadurch evtl. überflüssiger Informationen zwar keine Einschränkung bei der darauf folgenden Auswertung, doch wird dies zwangsläufig Auswirkungen auf die Qualität der erfassten Daten haben.
- Der Auswertende müsste bei der Erfassung der Daten „vollständige Kenntnis darüber haben, was sich hinter den einzelnen erfassten Informationen verbirgt. Dies klingt wiederum trivial, ist aber insbesondere bei hoher Komplexität der erfassten Informationen ein nicht unerhebliches Problem.“[136]

[130] *Vgl. Weber, J./Schäffer, U. (2008), S. 86.*
[131] *Vgl. Horváth, Péter (2003), S. 362.*
[132] *Vgl. Reichmann, Thomas (2006), S. 11 und Schmidt, Rudolf (1995), S. 24.*
[133] *Vgl. Schmidt, Rudolf (1995), S. 24f.*
[134] *Weber, J./Schäffer, U. (2008), S. 77.*
[135] *Vgl. Weber, J./Schäffer, U. (2008), S. 79f.*
[136] *Weber, J./Schäffer, U. (2008), S. 80f.*

- Der Auswertende müsste wissen, wie er bei der anschließenden Auswertung, aus der Fülle der erfassten Daten die relevanten durch geschicktes Kombinieren der Auswertungen selektiert. Um daraus resultierende Interpretationsfehler zu vermeiden, wäre ein erhebliches Know-How erforderlich, welches der Auswertende jedoch nicht aus dem Informationssystem ziehen könne, sondern bereits vor Arbeitsbeginn haben müsse.

Bei der Informationserfassung ist es entscheidend, sich auf die Informationen zu konzentrieren, die auch einen Mehrwert erzeugen.[137] Demzufolge ist auch eine Informationsbewertung notwendig. Im Normalfall werden die Kosten der geplanten Informationsversorgung den zu erwartenden Ertragssteigerungen oder Kosteneinsparungen gegenübergestellt, um ein ökonomisches Handeln sicherzustellen. Allerdings ist es nicht immer einfach einen Mehrwert bzw. einen direkt durch die Information gestifteten Nutzen zu quantifizieren bzw. daraus resultierende Kosteneinsparungen den jeweiligen Informationen zuzuordnen.

An den Teilprozess der Informationserfassung und -bewertung schließt sich zuletzt die Informationsaufbereitung und -bereitstellung an. Prinzipiell muss darauf geachtet werden, dass die Daten so aufbereitet und bereitgestellt werden, dass diese vornehmlich der Führung verständlich sind.

Zwei triviale Vorgehensweisen zur Ermittlung des Bereitstellungszeitpunktes lassen sich wie folgt beschreiben: Entweder vereinbart das Controlling mit dem Management, zu bestimmten Zeitpunkten oder Anlässen Informationen zu liefern, oder es werden Informationen auf Aufforderung des Managements bereitgestellt.[138] Diese Bereitstellung wird meist in Form von Berichten durchgeführt. Hierbei unterscheidet man in die Berichtsarten: Standardberichte, Abweichungsberichte und Bedarfsberichte.[139]

Weber und Schäffer kritisieren den Ansatz dahingehend, dass „die Tätigkeiten von Controllern in der Praxis deutlich über reine Informationsaufgaben hinausgehen."[140] Daneben fehle laut Eschenbach und Niedermayr diesem Ansatz auch eine präzise und schlüssige Verankerung in der Führungstheorie.[141]

[137] *Vgl. Horváth, Péter (2003), S. 374.*
[138] *Vgl. Weber, J./Schäffer, U. (2008), S. 78.*
[139] *Vgl. Horváth, Péter (2003), S. 609f.*
[140] *Weber, J./Schäffer, U. (2008), S. 22.*
[141] *Vgl. Eschenbach, R./Niedermayr, R. (1995), S. 58.*

2.3.2 Planungs- und kontrollorientierter Controllingansatz

Der planungs- und kontrollorientierte Controllingansatz war lange Zeit der dominierende Ansatz bei deutschen Hochschullehrern[142] und veränderte das Verständnis dahingehend, dass die Koordination zwischen Planungs-, Kontroll- und Informationssystem in den Mittelpunkt rückte. Als Begründer und wesentliche Vertreter dieses Ansatzes sind Horváth, Hahn und Reichmann zu nennen.[143] Den folgenden Ausführungen liegen die Vorstellungen eines planungs- und kontrollorientierten Ansatzes nach Hahn und Horváth zugrunde. Während einige Autoren das Ziel des Controlling in der Erreichung aller Unternehmensziele sehen,[144] beschränken sich Hahn und Horváth bei ihren Konzeptionen auf bestimmte Ziele, vor allem Finanz- und Erfolgsziele,[145] und sehen das Controlling als Unterstützung des Managements.[146] Als oberstes Ziel wird die Erhaltung und Zukunftsfähigkeit des Unternehmens angesehen, zu dessen Erreichung das Controlling primär die Aufgabe hat, das generelle Werteziel der Unternehmung anzustreben. Hierunter ist „die Ergebnisoptimierung als Kapitalwert- bzw. Gewinnmaximierung unter Beachtung der Liquiditätssicherung"[147] zu verstehen. Die Koordination der Sach- und Sozialziele wie auch die Maßnahmen, die zu deren Erreichung erforderlich sind, übernimmt das Controlling. Damit stellt die Ergebnisoptimierung, unter Beachtung der Liquiditätsprämissen, das kardinale Ziel dar.[148] Die Hauptaufgaben des Controlling bestehen demnach „in der informationellen Sicherung bzw. Sicherstellung ergebnisorientierter Planung, Steuerung und auch Überwachung des gesamten Unternehmensgeschehens – vielfach verbunden mit einer Integrations- bzw. Systemgestaltungsfunktion, grundsätzlich verbunden mit einer Koordinationsfunktion".[149] Planung ist ein stets zielorientiertes Suchen nach Lösungsoptionen und deren Bewertung und Auswahl hinsichtlich zukünftiger Erwartungen.[150] Die Kernaufgaben der Planung sind hierbei:[151]

- Zielorientierung, Integration und Koordination,
- Risikoerkennung und -vermeidung,
- Reduktion der Komplexität,
- Erhöhung der Flexibilität.

142 *Vgl. empirische Studie von Ahn (1999).*
143 *Vlg. Horváth, Péter (2003); Hahn, D./Hungenberg, H. (2001); Reichmann, Thomas (2001).*
144 *Vgl. Schweitzer, M./Friedl, B. (1992), S. 151f.; Weber, J./Schäffer U. (2000a), S. 114f.; Küpper, H.-U. (2001).*
145 *Hahn, D./Hungenberg, H. (2001), S. 272ff.; Horváth, H.-U. (2002), S. 145ff. und S. 156.*
146 *Vgl. Franz, Stefan (1989), S. 29f. und Hahn, Dietger (1991), S. 128.*
147 *Hahn, Dietger (1996), S. 182.*
148 *Vgl. Hahn, Dietger (1996), S. 182.*
149 *Hahn, Dietger (1996), S. 182.*
150 *Vgl. Hahn, Dietger (1995), S. 230.*
151 *Vgl. Hahn, Dietger (1995), S. 230.*

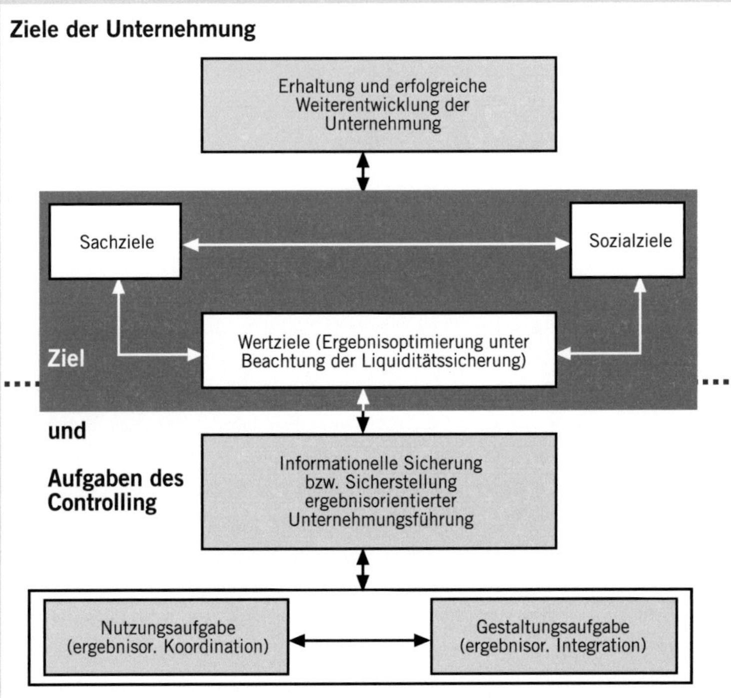

Quelle: Hahn, Dietger (1996), S. 183.

Abb. 7: Grundsätzlicher Zusammenhang zwischen Unternehmenszielen, Controllingziel und Controlleraufgaben nach Hahn

Hahn versteht die Ergebnisorientierung als Grundprinzip allen unternehmerischen Handelns. So fordert er neben einer durchgängigen Ausrichtung des Rechnungswesens, – als Grundlage für eine ergebnisorientierte Planung – Dokumentation, Kontrolle und eine Eingliederung ergebnisorientierter Planrechnungen in alle übrigen Planungsaufgaben.[152] Hahn weist jedoch damit den Funktionen des Controlling nicht ausschließlich einen quantitativen Charakter zu. Vielmehr fordert er durch die ergebnisorientierte Komponente bei Aufarbeitung des Zahlenwerks aus Rechnungs- und Finanzwesen, dass auch die Qualität der Daten den gesetzten Anforderungen entspricht.[153]

[152] *Vgl. Hahn, Dietger (1994), S. 46.*
[153] *Vgl. Hahn, Dietger (1995), S. 231.*

Während Hahn sich auf die Erfolgsziele beschränkt, sieht Horváth zur Ausrichtung seines Ansatzverständnisses das Controlling grundsätzlich als Unterstützung der Führung und bezieht somit explizit alle Ziele mit ein. Als allgemeines Ziel des Controlling sieht er die „Sicherung und Erhaltung der Koordinations-, Reaktions- und Adaptionsfähigkeit der Führung, damit diese die Ergebnis- und Sachziele der Unternehmung realisieren kann“.[154]

Nach Horváth ist die Planung ein „wichtiges Koordinationsinstrument zur Lenkung des Unternehmungsprozesses“,[155] bei der das Mitwirken an der ergebnisorientierten Planung die Kernaufgabe des Controlling darstellt.[156] Dabei bedeutet Planung für den Controller vornehmlich Koordination,[157] bei der primär das Ergebnisziel und die Koordination des informationsverarbeitenden Planungs- und Kontrollsystems wie auch das Informationsversorgungssystem verfolgt wird. Diese beiden Subsysteme werden unter Berücksichtigung des Ergebnisziels so koordiniert, dass das Unternehmensziel stets in den Mittelpunkt rückt.[158] Die Kontrollaufgabe sieht Horváth „vorrangig im Aufbau des Meßinstrumentariums und der Bereitstellung von Informationen über Soll-Ist-Abweichungen“.[159] Hinsichtlich der Aufgabendifferenzierung des Controlling nennt Horváth drei verschiedene Möglichkeiten:[160]

- Unternehmensziele (operative oder strategische Aufgaben)
- Verrichtungsaspekt: systembildende (formelle) oder systemkoppelnde (materielle) Aufgaben
- Objektaspekt (das Planungs- und Kontrollsystem betreffende oder das Informationssystem betreffende Aufgaben)

In der Darstellung von Planung und Kontrolle unterscheidet Horváth zwischen Systembildung und Systemkoppelung. Als systembildende Koordination konstatiert er die Implementierung des Planungs- und Kontrollsystems, des Informationsversorgungssystems wie auch das Einrichten von Koordinationsinstitutionen und Regelungen für Koordinationsprobleme,[161] was Auswirkungen auf die Organisation der Planungs- und Kontrollprozesse, Fixierung von Planungs- und Kontrollrichtlinien und gar die Gestaltung von Formularen haben kann.[162]

[154] *Horváth, Péter (2003), S. 149.*
[155] *Horváth, Péter (2006), S. 151.*
[156] *Vgl. Horváth, Péter (2006), S. 149.*
[157] *Vgl. Horváth, Péter (2006), S. 149.*
[158] *Vgl. Horváth, Péter, (1994), S. 125f. und S. 144.*
[159] *Hováth, Péter (2006), S. 149.*
[160] *Vgl. Horváth, Péter (2003), S. 150.*
[161] *Vgl. Horváth, Péter (2003), S. 123ff.*
[162] *Vgl. Küpper, Hans-Ulrich (2008), S. 26.*

Die systemkoppelnde Koordination erklärt Horváth mit Abstimmungsprozessen, die im Rahmen eines gegebenen Systemgefüges stattfinden. Beide Koordinationskomponenten können geplant oder spontan erfolgen.[163] Abschließend dargestellt wird die Controlling-Konzeption nach Horváth:

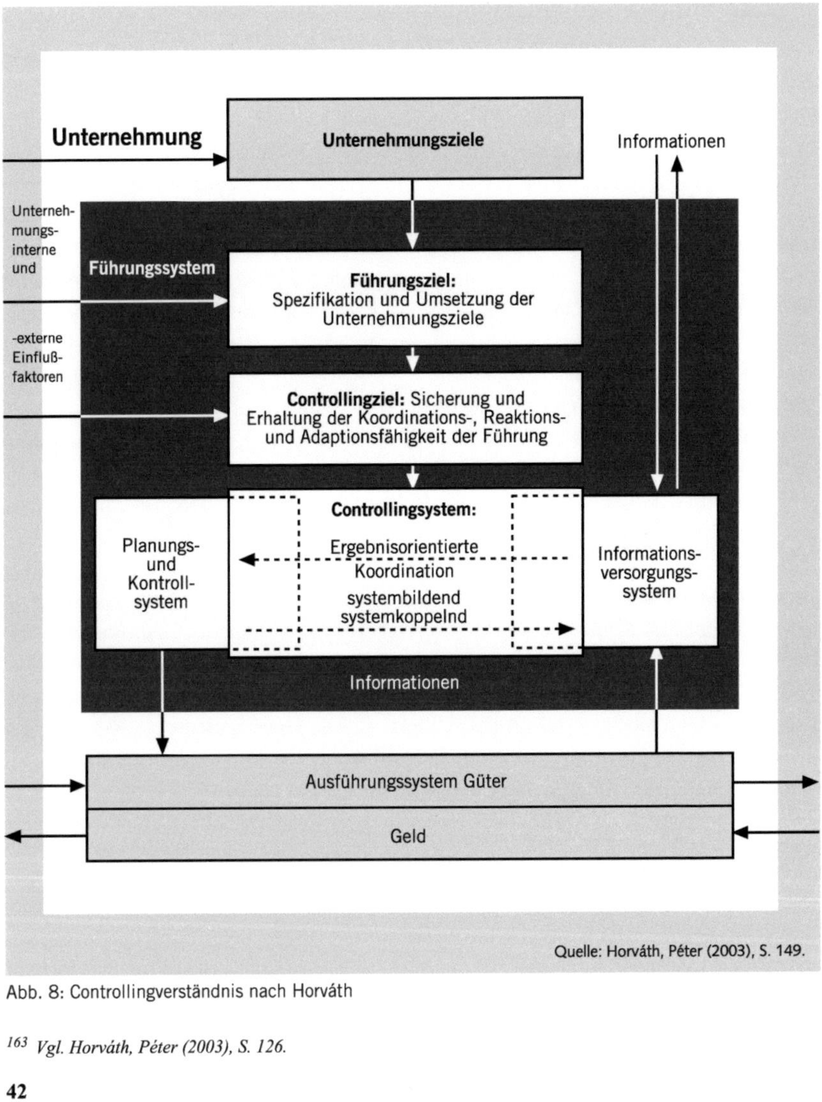

Abb. 8: Controllingverständnis nach Horváth

[163] *Vgl. Horváth, Péter (2003), S. 126.*

2.3.3 Koordinationsorientierter Controllingansatz

Der koordinationsorientierte Ansatz ist keine elementare Neuorientierung des Aufgabenbündels eines Controllers, sondern baut auf den bereits dargestellten Ansätzen auf.[164] Er gründet auf den Überlegungen von Horváth. Dieser sah das Controlling 1978 aus einem systemorientierten Blickwinkel und novelliert den Bezugspunkt dahingehend, dass aufgrund der Differenzierung zwischen dem Planungs- und Kontrollsystem zum Informationssystem der Koordination dieser Systeme eine enorme Bedeutung zukommt.[165] So sieht er die übergeordnete Controlling-Verantwortung in der „ergebniszielorientierten Koordination von Planung und Kontrolle sowie Informationsversorgung."[166]

Die alleinige Abstimmung zwischen dem Planungs- und Kontrollsystem und dem Informationsversorgungssystem nach Horváth ersetzt Küpper, als Hauptvertreter des koordinationsorientierten Ansatzes, durch die originäre Aufgabe des Controlling, das gesamte Subsystem *Führung* – das Führungsgesamtsystem – zu koordinieren.[167] Allerdings ist das Controlling damit nicht mit der Unternehmensführung gleichzusetzen. Die Koordination ist vielmehr eine spezifische Aufgabe, die durch kein anderes Element wahrgenommen werden kann, zudem nicht als Oberbegriff für alle Führungsaufgaben[168] anzusehen ist und somit einen eigenständigen Problembereich[169] darstellt.

Die Triebfeder der Koordinationsaufgabe ist die steigende Komplexität der Führungssysteme, durch die es der Führung nicht mehr möglich ist, die Koordinationsfunktion allein wahrzunehmen. Hierdurch bedarf es neben der Koordination des Kontroll-, Planungs- und Informationssystems auch der Koordination der Organisation und Personalführung. Dementsprechend muss sich das Instrumentarium eines Controllers ausschließlich auf die Koordination richten.[170]

Küpper gliedert das gesamte Führungssystem in die Organisation, das Planungssystem, das Informationssystem, das Kontrollsystem und das Personalführungssystem[171] und weist in diesem Kontext dem Controlling die Aufgabe zu, innerhalb und zwischen den verschiedenen Führungsteilsystemen die Koordination sicherzustellen[172].

Um die Verselbstständigung dieser Führungsteilsysteme zu gewährleisten, ist die Koordination von großer Bedeutung. Beispielsweise müssen sich das Personalführungs-

[164] *Vgl. Küpper, Hans-Ulrich (2008), S. 27.*
[165] *Vgl. Horváth, Péter (1978), S. 194ff.*
[166] *Horváth, Péter (2003), S. 148f.*
[167] *Vgl. Küpper, Hans-Ulrich (1990a), S. 14f.*
[168] *Vgl. Küpper, Hans-Ulrich (2008), S. 31.*
[169] *Vgl. Küpper, Hans-Ulrich (2008), S. 32.*
[170] *Vgl. Küpper, Hans-Ulrich (1990a), S. 15.*
[171] *Vgl. Küpper, Hans-Ulrich (2008), S. 30.*
[172] *Vgl. Küpper, Hans-Ulrich (2008), S.36.*

system wie auch die Planung und Kontrolle, die auf Daten aus dem Rechnungswesen angewiesen sind, auf eine stringente Informationsversorgung verlassen können.[173]

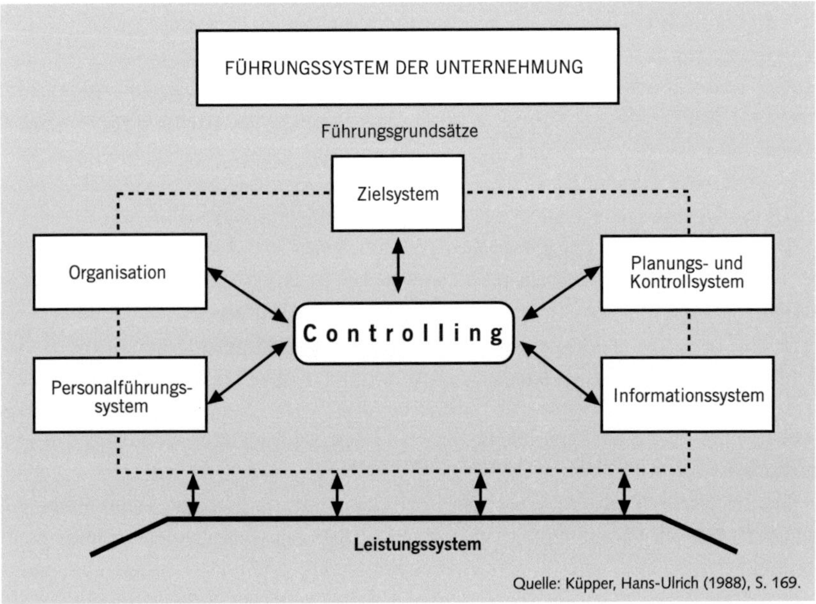

Abb. 9: Ziele des Controlling im Führungssystem

Aus dem Koordinationsziel als originäre Aufgabe des Controlling lassen sich drei weitere Zwecksetzungen ableiten:[174]

- Anpassungs- und Innovationsfunktion
- Zielausrichtungsfunktion
- Servicefunktion.

Die Anpassungs- und die Innovationsfunktion können als derivative Zwecksetzungen der Koordinationsfunktion und die beiden anderen als ihre nähere Spezifizierung gesehen werden. Demnach hat das Controlling für die Wahrung der Anpassungs- und Innovationsfunktion der Führung zu sorgen. Konkret zielt Küpper dabei auf „die Gestaltung von Systemen, insbesondere der Informationsbereitstellung (z. B. Früherkennungssysteme), und der Kontrolle [ab], durch welche die Anpassungs- und Innovationstätigkeiten der

[173] *Vgl. Küpper, Hans-Ulrich (2008), S. 30.*
[174] *Vgl. Küpper, Hans-Ulrich (2008), S. 32ff.*

Leistungsbereiche unterstützt und ggf. auch ausgelöst werden".[175] Im Mittelpunkt steht hier, in einem dynamischen wirtschaftlichen und gesellschaftlichen Umfeld eine nachhaltige Zukunft des Unternehmens zu gewährleisten.

Die Zielausrichtungsfunktion richtet die Koordination auf die jeweiligen Ziele aus. Diese können neben Umwelt- und Sozialzielen auch fundamentaler Art (z. B. Erfolgsziele) sein.

Die Service- oder auch Unterstützungsfunktion stellt eine Art Führungshilfe dar, die in der Koordination und dadurch besseren Erfüllung isolierter Führungsaufgaben liegt. Durch die Bereitstellung geeigneter Methoden werden den Führungsteilsystemen Informationen geliefert, die ein koordiniertes Handeln und Effektivität wie auch Effizienz im Unternehmen sicherstellen sollen. Das Controlling bekommt durch diese Funktion einen unterstützenden Charakter.[176]

Nach den Ausführungen von Küpper kommt dem Controlling nicht eine reine Informations- oder Planungs- und Kontrollfunktion zu. Vielmehr stellt die Koordination des Führungssystems eine eigene Problemstellung im Controlling dar. Küpper sieht die Kernaufgabe des Controlling in der Sekundärkoordination des Führungsgesamtsystems, weist aber gleichzeitig die anderen Funktionen nicht von der Hand und gliedert diese als Komponenten im Führungssystem mit ein. Folglich ist dieser Ansatz nicht grundsätzlich neu, sondern baut auf den bereits dargestellten Ansätzen auf. Durch das bereits angesprochene Koordinierungsvolumen und dessen zentrale Stellung im Aufgabenspektrum des Controllers misst dieser Ansatz dem Controlling eine enorme Bedeutung bei.

Schneider reduziert die Bedeutung des Controlling deutlich. Er zweifelt an der Zweckmäßigkeit, den Aufgabenkatalog des Controlling um die Koordination des Führungsgesamtsystems zu erweitern. Seiner Meinung nach sollte sich das Controlling auf das Kontrollieren der Plandurchführung durch das Bereitstellen von Ausgangszahlen für die kommende Planung konzentrieren und sich nicht Problemen der Unternehmensorganisation und Personalführung widmen.[177] Neben dieser Einschränkung der Funktion des Controlling ist auch der Koordinationsbegriff selbst im Mittelpunkt der Kritik. Der Nobelpreisträger der Wirtschaftswissenschaften Simon warnt davor, den Koordinationsbegriff als zentrale begriffliche Lösung jeglicher Problematik zu sehen: „Coordination is a rather solvenly word, often abused in organizations. An experienced executive cringes when he or she learns that someone has been appointed to „coordinate" a set of activities, since calling for coordination without specifying just what it means is simply a lazy way of passing off problems to someone else."[178]

[175] *Küpper, Hans-Ulrich (2008), S. 33.*
[176] *Vgl. Küpper, Hans-Ulrich (2008), S. 32ff.*
[177] *Vgl. Schneider, Dieter (1991), S. 772.*
[178] *Simon, Herbert A. (1991), S. 39.*

2.3.4 Rationalitätssicherungsorientierter Controllingansatz

Der rationalitätssicherungsorientierte Ansatz von Weber und Schäffer gilt als einer der neueren Ansätze, der alle zuvor beschriebenen Ansätze integriert. Er gründet auf der kritischen Auseinandersetzung mit dem Koordinationsansatz.[179] Zwar erkannte Schmidt die Bedeutung der Rationalitätssicherung des Managements schon im Jahre 1986,[180] doch postulieren Weber und Schäffer sie 1998 erstmals als die Hauptaufgabe des Controlling.[181]

Ausgangspunkt dieses Ansatzes ist der sogenannte handelnde Akteur.[182] Damit der für die Führung verantwortliche Akteur (Manager) zu einer konsistenten Willensbildung kommen kann, ist es Vorraussetzung, dass er neben den eigenen Zielen (dem Wollen) auch über die dementsprechenden kognitiven Fähigkeiten (das Können) verfügt. Diese Fähigkeiten lassen sich in drei Elemente unterteilen:[183]

- Perzeptions- bzw. Wahrnehmungsfähigkeit
  (Die Fähigkeit, relevante Aspekte der Umwelt wahrzunehmen)
- Prognosefähigkeit
  (Die Fähigkeit, Änderungen im Umfeld des Akteurs vorherzusehen)
- Bewertungsfähigkeit
  (Die Fähigkeit, Handlungsoptionen miteinander zu vergleichen
  und diese zu bewerten).

Im Normalfall handelt die Führung nicht nach dem Trial-and-Error-Prinzip, sondern entscheidet aufgrund ihrer eigenen Zielbildung und ihrer kognitiven Fähigkeiten.[184] Beide Willensbildungskomponenten sind begrenzende Faktoren. Die Funktion des Controlling besteht nun darin, die Rationalitätssicherung der Führung in der Art und Weise zu unterstützen, dass alle Führungshandlungen den Mittel-Zweck-Beziehungen entsprechen.[185]

Fraglich ist, was im konkreten Fall unter Rationalität bzw. Rationalitätssicherung zu verstehen ist. Konkret bedeutet für Weber und Schäffer der Begriff Rationalitätssicherung, „so zu handeln, dass die Wahrscheinlichkeit erhöht wird, dass die Realisierung der Führungshandlungen den antizipierten Zweck-Mittel-Beziehungen … entspricht.“[186]

[179] *Vgl. Weber, J./Schäffer, U. (2000a), S. 109-117.*
[180] *Vgl. Schmidt, Andreas (1986), S. 61f.*
[181] *Vgl. Weber, J./Schäffer, U. (1998a), S. V.*
[182] *Vgl. Weber, Jürgen (1999b), S. 36.*
[183] *Vgl. Weber, J./Schäffer, U. (2008), S. 56f.*
[184] *Vgl. Weber, J./Schäffer, U. (2008), S. 57.*
[185] *Vgl. Weber, J./Schäffer, U. (2008), S. 44ff.*
[186] *Weber, J./Schäffer, U. (2008), S. 26.*

Küpper kritisiert deren Ansicht dahingehend, dass sie „nicht von einer allgemeinen (Zweck-Mittel-) Rationalität aus[gehen], bei der die übergeordneten Zwecke von der Unternehmung und ihren Entscheidungsträgern zu wählen sind, sondern … diesen Zweck allein in der monetären kurz- oder langfristigen Erfolgsmaximierung“[187] sehen. Weber und Schäffer definieren Rationalität[188] als eine „Zweckrationalität, deren zentrale Eigenschaft, die Begründbarkeit, stets auf eine Handlungsmehrheit bezogen ist“.[189] Diese Begriffsjonglage ist der Nährboden für weitere Diskussion. So kritisiert Irrek, dass nach dem Rationalitätsverständnis von Weber und Schäffer ein Controlling nur in Unternehmen mit einem partizipativen bzw. demokratischen Führungsstil implementiert werden könne[190] und zudem die Definition „nicht zu der beabsichtigten eindeutigen Bestimmung von Controllingfunktion und Controllern zuzuordnenden Aufgaben führt“.[191]

Nach Weber und Schäffer ist ein wichtiger Bezugspunkt des rationalitätssicherungsorientierten Ansatzes die weit verbreitete Auffassung, dass sich der Führungsprozess in die Phasen Willensbildung, Willensdurchsetzung, Ausführung und Kontrolle untergliedert.

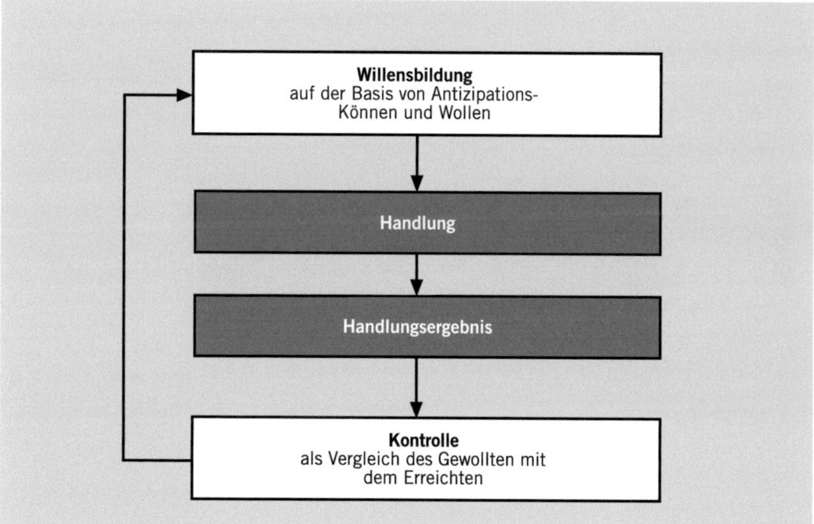

Quelle: Weber, J./Schäffer, U. (2008), S. 57.

Abb. 10: Grundform des Führungszyklus

[187] *Küpper, H.-U. (2008), S. 18.*

[188] *Vgl. auch Heinen, Edmund (1990) S. 324-327 zur Definition von Rationalität.*

[189] *Weber, J./Schäffer, U. (1999a), S. 734.*

[190] *Vgl. Irrek, Wolfgang (2002), S. 48.*

[191] *Irrek, Wolfgang (2002), S. 47.*

Dabei unterscheiden sie in drei Typen der Willensbildung: Intuition, Reflexion, Improvisation. Die Improvisation schließen sie jedoch als anwendungsungeeignet aus, da sie für den Betriebswirt in ihrer Art grundsätzlich unbefriedigend sei. Demnach steht in der Phase der Willensbildung des Managements dem unternehmerischen Fingerspitzengefühl – also der Intuition – nur die Reflexion gegenüber. Zwar sollte bei der Entscheidungsfindung des Managements die Intuition ausreichend mitwirken dürfen bzw. bei deren Fehlen vom Controlling sehr wohl angemerkt werden, doch sehen Weber und Schäffer die Sicherung der Rationalität der Führung,[192] in allen Phasen des Führungsprozesses, im Aufgabenkatalog des Controllers an erster Stelle. [193]

Als Voraussetzung einer substantiell rationalen Lösungsfindung des Managements postulieren Weber und Schäffer den Rationalitätssicherungsbedarf, hinsichtlich der Bereitstellung von Daten, als unumgänglich. Demnach sollte die Informationsversorgung so gewählt werden, dass durch sie eine rationale Führung mittels führungsrelevanter Daten möglich ist. Ausschlaggebend dabei ist der Datenbedarf, der aus dem jeweiligen rationalen Willensbildungsverfahren – dem verwendeten Entscheidungsmodell – resultiert.[194] Hinsichtlich der Kontrolle ist die Rationalitätssicherung dahingehend zu verstehen, dass „Vorgehensschemata und -vorurteile zu vermeiden“[195] sind. Aber auch mit anderen Führungshandlungen ist die Rationalitätssicherung in Verbindung zu bringen. So können sich bei der Verbindung von Planung, Informationsversorgung und Kontrolle Probleme ergeben, die durch eine rationale Koordination behoben werden müssen. Mit einer solchen Notwendigkeit sehen sich vor allem Unternehmen konfrontiert, die ständigen Veränderungen in der Mirko- und Makroumwelt ausgesetzt sind.[196] Veranschaulicht werden diese Ausführungen durch die Abbildung 11:

Abschließend lässt sich sagen, dass Weber und Schäfer dem Ziel, ein der Realität konformes Controllingverständnis zu formulieren,[197] mit diesem integrativen Ansatz recht nahe gekommen sind und somit einen tragfähigen Kompromiss geschaffen haben, der die spezifischen Merkmale des Controlling berücksichtigt.

[192] *Vgl. Weber, Jürgen (1999b), S. 39.*
[193] *Vgl. Weber, J./Schäffer, U. (1999a), S. 734ff. und Weber, J./Schäffer, U. (1999c), S. 280ff.*
[194] *Vgl. Weber, J./Schäffer, U. (1999a), S. 734.*
[195] *Weber, J./Schäffer, U. (1999a), S.738.*
[196] *Vgl. Weber, J./Schäffer, U. (1999a), S. 737f.*
[197] *Vgl. Weber, J./Schäffer, U. (2004), S. 60.*

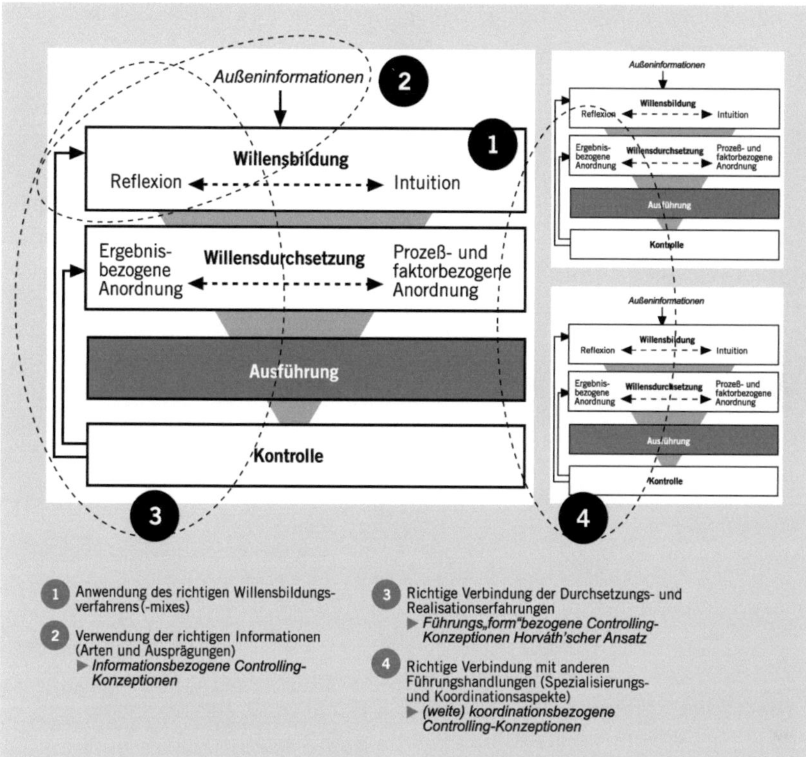

Quelle: Weber, J./Schäffer, U. (1999a), S. 739.

Abb. 11: Führungshandlungsbezogene Rationalitätsebenen

2.3.5 Praxisnaher Controllingansatz des ICV

Mit den Ausführungen zum Aufgabengebiet und dem Leitbild des Controllers, gibt der internationale Controllerverein (ICV) ein klares, verständliches und praxisnahes Bild des Controllers. Die Aufgabe des Controllers wird wie folgt umrissen: „Controller gestalten und begleiten den Management-Prozess der Zielfindung, Planung und Steuerung und tragen damit Mitverantwortung für die Zielerreichung."[198] Der nachfolgende Auszug gibt einen Einblick zum konkreten Leitbild des ICV:

[198] *Internationaler Controllerverein, Internetquelle (2005), S. 2.*

- „Controller moderieren und gestalten den Management-Prozess der Zielfindung, der Planung und der Steuerung so, dass jeder Entscheidungsträger zielorientiert handeln kann.
- Controller leisten den dazu erforderlichen Service der betriebswirtschaftlichen Daten- und Informationsversorgung.“[199]

Der durch Albrecht Dyhle gegründete Internationale Controllerverein sieht Controlling als Steuer- und Regeleinheit und somit die Hauptaufgabe im „Führen zum praktischen Erreichen der vereinbarten Ziele“.[200] Mit folgender Abbildung bietet der ICV eine anschauliche Vorstellung über die Beziehung zwischen Manager und Controller und dem daraus resultierenden Controllingverständnis:

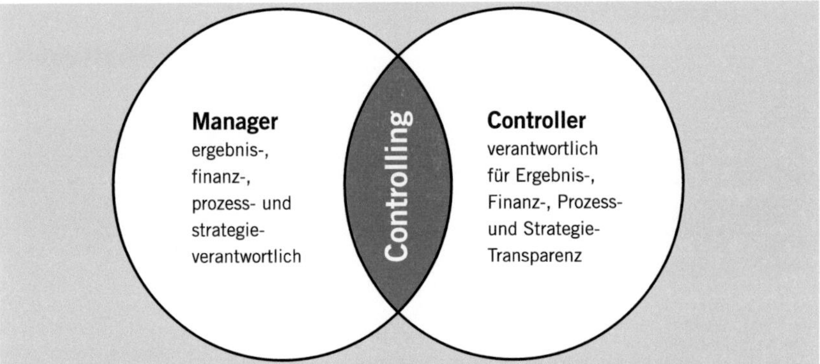

Quelle: Internationaler Controllerverein (2005), Internetquelle, S. 3.

Abb. 12: Controllingverständnis des Internationalen Controllervereins

In einem Unternehmen werden sowohl dem Manager wie auch dem Controller bestimmte Aufgaben und Verantwortungsbereiche zugeschrieben. „Die Manager betreiben etwas, die Controller sorgen für Einsehbarkeit in das wirtschaftliche Ergebnis. Hier zeigt sich, dass nicht die Controller allein das Controlling betreiben. Das Controlling als Prozess und Denkweise liegt in der Schnittmenge. Es entsteht durch Manager und Controller im Team (Controlling als angewandte Betriebswirtschaft).“[201]

Der ICV integriert mit dieser Anschauung den Manager mit in das Controlling und beschreibt Controlling letztendlich als „Team“ aus Manager und Controller.

[199] *Internationaler Controllerverein, Internetquelle (2005), S. 2.*
[200] *Internationaler Controllerverein, Internetquelle (2005), S. 3.*
[201] *Internationaler Controllerverein, Internetquelle (2005), S. 3.*

2.4 Anforderungsprofil des Controllers

Im deutschen Schrifttum gibt es für den Controller kein allgemein anerkanntes Anforderungsprofil, da dessen Ausprägungsgrad aufgrund des unterschiedlichen, betriebsspezifisch übertragenen Aufgabenbündels variiert. Neben der jeweiligen Entwicklungsstufe[202] des Controlling ist auch der zugrunde liegende Controllingansatz[203] für das Anforderungsprofil des Controllers von enormer Bedeutung. Horváths Versuche, auf deduktive Weise zu einem Anforderungsprofil zu kommen, erlauben zwar eine Systematisierung, sollten aber dennoch nicht verabsolutiert werden.[204] Infolgedessen werden in den kommenden Abschnitten die Kerngedanken und Tendenzen der geforderten Kompetenzbereiche vorgestellt. Für eine theoretische Untermauerung der Kompetenzanforderungen eines Controllers sind sowohl analytische wie auch verhaltenswissenschaftliche Kenntnisse und Fertigkeiten erforderlich.[205] Dieser Ansatz wird im Folgenden konsequent weiterverfolgt. Dabei schälen sich drei Ausprägungen heraus: Fach-, Methoden-, soziale Kompetenz. Alle drei Ausprägungen bilden das Persönlichkeitsprofil – also die persönliche Kompetenz – des Controllers.

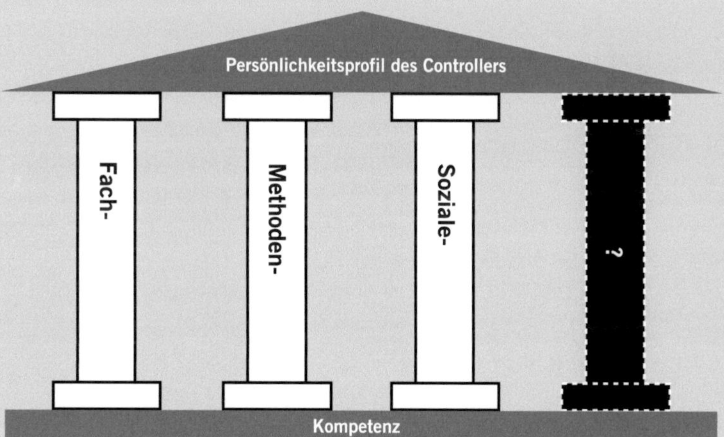

Quelle: In Anlehnung an Müller, Jochem et al. (2008).

Abb. 13: Die vier verschiedenen Kompetenzen

[202] *Vgl. Horváth, Péter (2003), S. 891.*
[203] *Vgl. Küpper, Hans-Ulrich (1990b), S. 327ff.*
[204] *Vgl. Horváth, Péter (2003), S. 896.*
[205] *Siehe hierzu Schmidtke, H./Schmale, H. (1961), S. 22ff.; Schmale, H./Tietze, B. (1975), S. 138ff.; Hans, L./Warschburger, V. (1996), S. 22f.; Küpper, Hans-Ulrich (1990b), S. 340.*

Durch den Anspruch auf Allgemeingültigkeit werden zwangsläufig nicht ausschließlich Controlling spezifische Merkmale aufgeführt. Vielmehr orientieren sich die Kompetenzanforderungen in einem gewissen Umfang auch an vergleichbare Stelleninhaber oder werden bewusst allgemein gehalten,[206] um dadurch die Möglichkeit zu bieten, den Umfang und die Auslegungsweite der jeweiligen Kompetenzart der betriebsspezifischen Situation anzupassen.

Erweitert wird dieses Spektrum an Kompetenzanforderungen durch die intuitive Kompetenz in Kapitel 3.2. Hierbei wird durch eine Neuorientierung an einem veränderten Aufgabenbündel des Controllers aufgezeigt, wie die Intuition als neuartiger Bestandteil in das Controlling integriert werden kann bzw. integriert werden muss.

Als Einstieg zu den verschiedenen Kompetenzanforderungen soll das folgende Statement von Johann Wieland dienen. Auf die Frage, was ein guter Controller beherrschen muss, gibt Johann Wieland, Leiter des Konzerncontrollings der BMW AG, folgende Antwort:

„Nach über 17 Jahren bei einem Großunternehmen habe ich da eine klare Meinung: Die methodenzentrierte Ausbildung der betriebswirtschaftlichen Lehre vermittelt nur die notwendigen Fähigkeiten, ist aber nicht hinreichend für einen exzellenten Controller. Natürlich ist es wichtig, die verfügbaren betriebswirtschaftlichen Methoden zu kennen und beurteilen zu können. Das reicht aber nicht, wenn Sie in einem Unternehmen ein exzellentes Controlling aufbauen wollen. Zu einem exzellenten Controlling sind zwei weitere Komponenten erforderlich: Zum einen die inhaltliche Komponente, d. h. der Controller muss das Geschäft, die Produkte und Prozesse kennen und beurteilen können. Zum anderen die verhaltensorientierte Komponente. Ein Controller hat immer mit Menschen zu tun, die immer als geschickte und unglaublich kompetente Mitspieler agieren. Controlling ist deshalb „Verhaltenssteuerung“.“[207]

2.4.1 Klassische Kompetenzen

2.4.1.1 Fachkompetenz

Die fachlichen Anforderungen beschreiben meist die Art von Qualifikationen, denen in der Praxis die größte Aufmerksamkeit gilt. In der Personalentwicklung schreibt man der Fachkompetenz alle fachlichen Kenntnisse und Fertigkeiten zu, die zur Bewältigung

[206] *Vgl. Preißler, Peter (1995), S. 31.*
[207] *Wieland, Johann (2007), S. 243.*

beruflicher Aufgaben erforderlich sind und aus denen das Unternehmen einen Nutzen ziehen kann.[208]

Die unverzichtbaren Grundkenntnisse eines Controllers sind neben den essentiellen Informationen über das jeweilige Unternehmen und seiner näheren externen Umwelt, auch Kenntnisse über die zu steuernden Bereiche und deren Eingliederung und Funktion im Unternehmen.[209] In der Praxis werden ein Hochschulstudium, praktische Erfahrung und Fremdsprachenkenntnisse – insbesondere Englisch – als unerlässliche fachliche Qualifikation gesehen.[210] Abgesehen von praktischer Erfahrung im Controllingbereich sind auch Kompetenzen in der Personalführung und anderen Führungsteilsystemen, wie etwa Planung oder Revision, nutzbringend.[211]

Küpper wie auch Hans und Warschburger deklarieren das Rechnungswesen als wichtigen Bestandteil des Fachwissens.[212] Während Küpper dem externen Rechnungswesen weniger Bedeutung beimisst, spricht er dem internen Rechnungswesen eine führende Rolle im fachlichen Anforderungskatalog des Controllers zu.[213] Anderer Meinung ist hier Martin Hauser, Trainer und Vorstandsmitglied der CA Controller Akademie in Gauting. Er sieht gerade das externe Rechnungswesen – im speziellen die Entwicklungen im IFRS – als „Megatrend im Controlling mit den vielfältigsten Auswirkungen auf die Controller-Arbeit und die ihr zugrunde liegenden Anforderungen."[214]

Da weder ein einheitliches Berufsbild des Controllers[215] noch ein allgemein anerkanntes Aufgabenbündel im Controlling existiert, sind die Anforderungen an den Controller je nach Unternehmen unterschiedlich. Es ist also kaum möglich, alle Fachkenntnisse schon zu Beginn der Tätigkeit mitzubringen. Um derartige Defizite auszugleichen, sind bestimmte, auf die Person bezogene Eigenschaften notwendig. Hierfür wird im Allgemeinen ein Mindestmaß an Leistungsbereitschaft, Belastbarkeit und Bereitschaft zum lebenslangen Lernen gesehen. Zudem sollte der Controller aufgrund der breiten fachlichen Anforderungen ein hohes Maß an Intelligenz[216] – verbale, sachlogische wie auch praktisch technische Intelligenz[217] – mitbringen.

In Industriebetrieben umfasst ein großer Teil der Planungs- und Kontrollaufgaben Technik betreffende Sachverhalte. Möchte der Controller von seinem Gesprächspartner

[208] *Vgl. Thom, N./Zaugg Robert J. (2008), S. 291.*
[209] *Vgl. Küpper, Hans-Ulrich (2008), S. 569.*
[210] *Vgl. Weber, J./Schäffer, U. (1998b), S. 230; Küpper, Hans-Ulrich (2008), S. 570.*
[211] *Vgl. Küpper, Hans-Ulrich (1990b), S.338f.*
[212] *Vgl. Küpper, Hans-Ulrich (1990b), S. 336f.; Hans, L./Warschbuger, V. (1996), S. 22.*
[213] *Vgl. Küpper, Hans-Ulrich (2008), S. 569; Küpper, Hans-Ulrich (1990), S.336.*
[214] *Hauser, Martin (2008), S.6.*
[215] *Vgl. Küpper, Hans-Ulrich (1990b), S. 341.*
[216] *Vgl. Küpper, Hans-Ulrich (1990b), S. 341.*
[217] *Vgl. Schmidke, H./Schmale, H. (1961), S. 24.*

anerkannt werden, ist hierbei ein technisches Grundverständnis unabdinglich.[218] Zugleich sollte der Controller ein ganzheitliches Denken an den Tag legen, sich in andere, noch fremde Gebiete und Probleme einarbeiten und den Mut haben, die daraus resultierenden unpopulären Maßnahmen zu vertreten. Hierfür ist auch ein gewisses Maß an geistiger Flexibilität notwendig. Neben den oben erwähnten Fähigkeiten werden in der deutschen Literatur fundierte Kenntnisse in der Investitions- und Wirtschaftlichkeitsrechung, EDV und in den Strukturen der Planungs- und Kontrollsysteme als unerlässlich propagiert.[219]

2.4.1.2 Methodenkompetenz

Die Methodenkompetenz beinhaltet Fertigkeiten und Kenntnisse zur zielgerichteten und planmäßigen Bewältigung komplexer Arbeitsprozesse. Dazu werden bereits entwickelte und praktizierte Arbeitsverfahren und Denkmethoden eingesetzt und bei Bedarf auch weiterentwickelt, um berufliche Aufgaben und Probleme zu bewältigen.[220] Des Weiteren schließt die Methodenkompetenz die Fähigkeiten zur Beschaffung, Strukturierung und Aufbewahrung von Informationen ein, um sie bei Bedarf in geeigneter Form aufzubereiten und präsentieren zu können.[221]

Neben Kenntnissen im Präsentations-, Moderations- und Projektmanagement sind aufgrund der betrieblichen Zielausrichtungsfunktion vertiefte Kenntnisse der Methoden zur Erfolgsplanung und -kontrolle[222] erforderlich. Um ein adäquates Ausrichten der Mitarbeiter auf die Unternehmensziele zu gewährleisten, muss ein „Wissen über Theorien des Verhaltens und Instrumente der Motivation“[223] im Controlling vorhanden sein. Abgeleitet aus der Anpassungs- und Innovationsfunktion, müssen dem Controller auch Methoden zur Früherkennung, strategischen Planung und Kontrolle sowie Kreativitätstechniken geläufig sein.[224] Im Speziellen wird vom Controller vielmals die Fähigkeit zum planerischen und analytischen Denken gefordert.[225] Diese dient der Analyse betrieblicher Ursache-Wirkungs-Zusammenhänge und zählt als Voraussetzung vieler Kernaufgaben, wie z. B. der Planung und Kontrolle der unternehmerischen Tätigkeit.

218 *Vgl. Hans, L./Warschburger, V. (1996), S. 23; Preißler, Peter (1995), S. 31.*
219 *Vgl. Küpper, Hans-Ulrich (2008), S.569f.; Preißler, Peter (1995), S. 32; Hans, L./Warschburger, V. (1996), S. 22f.*
220 *Vgl. Luczak, Holger (1998), S. 546.*
221 *North, K./Reinhardt, K. (2005), S. 44.*
222 *Vgl. Küpper, Hans-Ulrich (2008), S. 569.*
223 *Küpper, Hans-Ulrich (1990b), S. 340.*
224 *Vgl. Küpper, Hans-Ulrich (1990b), S. 340.*
225 *Vgl. Küpper, Hans-Ulrich (1990b), S. 341; Hans, L./Warschburger, V. (1996), S. 22; Preißler, Peter (1995), S. 31.*

2.4.1.3 Soziale Kompetenz

Die soziale Kompetenz beschreibt die Fähigkeit, mit internen und externen Partnern in einem sachlichen und kooperativen Verhältnis zusammenzuarbeiten. Damit setzt die Kooperationsbereitschaft den Grundstein für ausgeprägte soziale Fähigkeiten.[226]

Controlling beinhaltet die Kommunikation mit anderen Abteilungen und Entscheidungsträgern, wodurch es zu Meinungsdifferenzen und Diskrepanzen kommen kann. Für den Controller ist es in solchen Situationen essentiell, Konflikte mit sachlichen Argumenten zu lösen. Gleichzeitig sollte er Neutralität und Verständnis – also Einfühlungsvermögen – für die differierenden Ansichten anderer Personen haben[227] und sich keinesfalls als intoleranter und überheblicher Alleswisser[228] stilisieren.

Im Hinblick auf die steigende Anzahl an Besprechungen und Konferenzen im Geschäftsleben ist es diesbezüglich unerlässlich, dass der Controller die Fähigkeit und Bereitschaft zur Teamarbeit aufweist.[229]

Neben der Kontaktfreudigkeit und einer überdurchschnittlichen Überzeugungsstärke als zentrale Eigenschaften zur erfolgreichen Aufgabenerfüllung,[230] wird im Controlling auch die Fähigkeit zur Führung und Motivation von Mitarbeitern gefordert. Diese Kompetenz hat vor allem in Unternehmen, in welchen das Controlling mit Entscheidungskompetenzen gegenüber anderen Institutionen oder Personen ausgestattet ist, eine große Relevanz.[231] Ebenso wichtig ist es, Mitarbeiter für die vom Controlling vertretenen und kommunizierten Ziele gewinnen zu können und andere Personen und Abteilungen von gesetzten Zielen zu überzeugen, wofür in einem gewissen Umfang gute Menschenkenntnis und Verhandlungsgeschick erforderlich sind.[232] Zu diesem Zweck sind vom Controller hohe Willenskraft, Durchsetzungsvermögen und Verhandlungsgeschick gefordert. Dabei sollte er immer objektiv und fair argumentieren und sich sowohl mündlich wie auch schriftlich zu artikulieren wissen.[233]

Die Aufzählung sozialer Anforderungen wird mit Golemans Verständnis der „emotionalen Intelligenz“ abgerundet.[234] Goleman versteht darunter „Fähigkeiten wie die, sich selbst zu motivieren und auch bei Enttäuschungen weiterzumachen; Impulse zu

226 *Vgl. Preißler, Peter (1995), S. 31.*

227 *Vgl. Ziegenbein, Klaus (1995), S. 73.*

228 *Vgl. Preißler, Peter (1995), S. 31.*

229 *Vgl. Ziegenbein, Klaus (1995), S. 73.*

230 *Vgl. Küpper, Hans-Ulrich (1990b), S. 341.*

231 *Vgl. Küpper, Hans-Ulrich (1990b), S. 341.*

232 *Vgl Preißler, Peter (1995), S. 30.*

233 *Vgl. Preißler, Peter (1995), S. 30f.; Hans, L./Warschburger, V. (1996), S. 22; Küpper, Hans-Ulrich (1990b), S. 341.*

234 *Vgl. Goleman, Daniel (1995). Als Vorreiter dieses Begriffs gelten Salovey und Mayer, die 1990 erste Forschungsergebnisse veröffentlichten: Vgl. Salovey, P./Mayer, J. D. (1990).*

unterdrücken und Gratifikationen hinauszuschieben; die eigenen Stimmungen zu regulieren und zu verhindern, daß Trübsal einem die Denkfähigkeit raubt; sich in andere hineinzuversetzen und zu hoffen."[235] Emotionen, die nicht bewusst wahrgenommen werden, nehmen einen enormen Einfluss auf die Wahrnehmung und Reaktionen eines Menschen.[236] Damit ist die emotionale Intelligenz eine Metafähigkeit, die Auswirkungen auf alle sonstigen Fähigkeiten, darunter auch den reinen Intellekt, haben kann.[237] Goleman sieht den Umgang mit Emotionen als Grundlage für soziale Kompetenzen. Vor allem in der Interaktion zweier Menschen misst er der emotionalen Dominanz einer Person eine enorme Bedeutung bei. Wissen sich die Teilnehmer von Diskussionsrunden, Konferenzen etc. auf die Stimmungen anderer einzustellen, kann man ein reibungsloses Miteinander in der Interaktion mit Gesprächspartnern erhoffen.[238]

2.4.2 Erweiterter Kompetenzansatz über das Orientierungsmodell nach Rippel

Das von Jürgen Rippel entwickelte Orientierungsmodell stellt im Wesentlichen eine Weiterführung der Überlegungen von Jung und Adam dar.[239] Nach Rippel ist der Schlüssel zur Wettbewerbsfähigkeit die Kreativität und die Intuition.[240]

Ausgangspunkt seiner Überlegungen ist die Ergänzung der derzeitigen Kompetenzenordnung um die intuitive Kompetenz. Alle Kompetenzarten formen in ihrer Gesamtheit – die persönliche Kompetenz – die individuelle Persönlichkeit.

Er greift Adams Leitgedanken auf, wonach das menschliche „Ich" sich aus den vier Hauptfunktionen *Denken (D), Empfinden (E), Fühlen (F), und Intuieren (I)* zusammensetzt. Dabei ist es möglich, dass das Selbstwertgefühl auf diese vier Hauptfunktionen einwirken und Veränderungen herbeiführen kann. Im Gegenzug können aber auch die Hauptfunktionen auf das Selbstwertgefühl Einfluss nehmen. Diese gegenseitige Beeinflussung spiegelt die Dynamik des Modells wider.[241] Rippel sieht die Intelligenz als Voraussetzung der Kreativität und ordnet jeder Kreativitätsdimension eine innere Intelligenz zu. Durch die spiegelbildlich gleichen Dimensionen ergeben sich neben der analytischen und sozialen Intelligenz/Kreativität die spirituelle/künstlerische und intuitive Intelligenz/Kreativität.

[235] *Goleman, Daniel (1996), S. 54.*
[236] *Vgl. Goleman, Daniel (1996), S. 78.*
[237] *Vgl. Goleman, Daniel (1996), S. 56.*
[238] *Vgl. Goleman, Daniel (1996), S. 152.*
[239] *Vgl. Jung, Carl G. (2008); Adam, Klaus-Uwe (2003).*
[240] *Vgl. Rippel, Jürgen (2008), S. 3.*
[241] *Vgl. Rippel, Jürgen (2008), S. 4.*

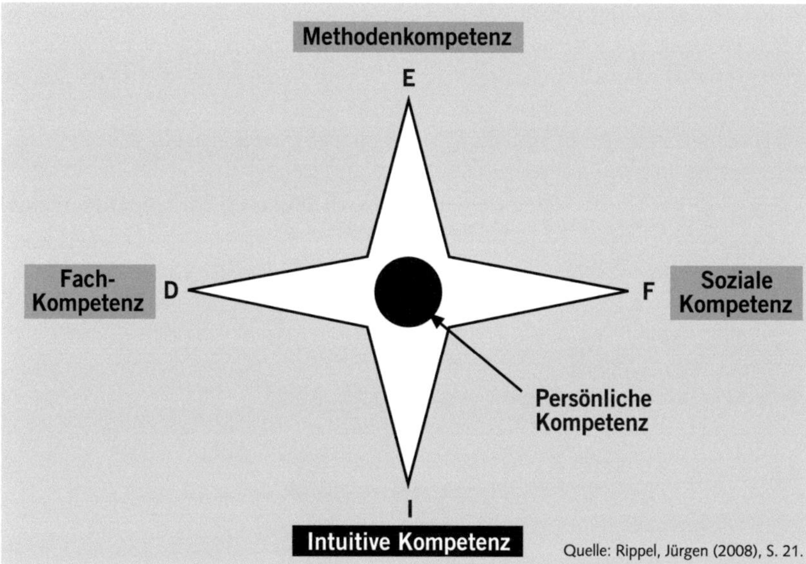

Abb. 14: Kompetenzenverständnis nach Rippel

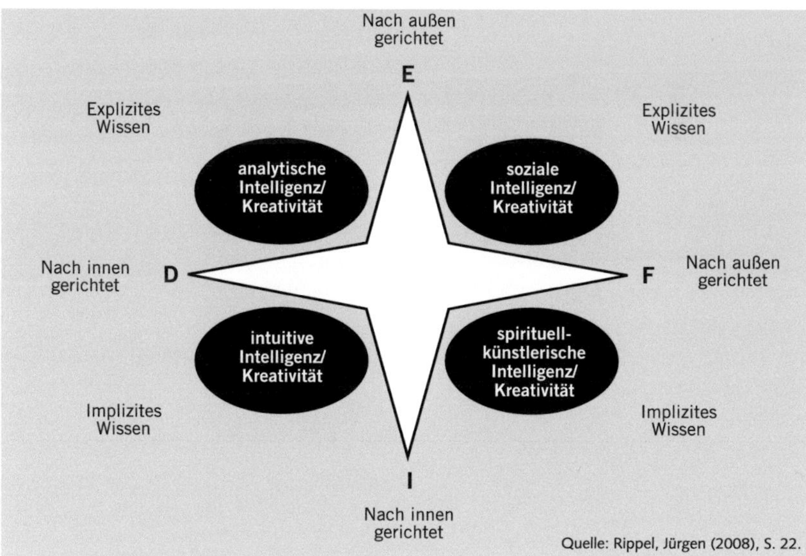

Abb. 15: Orientierungsmodell nach Rippel

Neurowissenschaftler fanden heraus, dass Emotionen bzw. deren Aktivitäten in der rechten Hirnhemisphäre ablaufen und das rationale Denken in der links hemisphärischen Gehirnhälfte stattfindet. Vor diesem Hintergrund repräsentieren die beiden Pole *Denken (D)* und *Fühlen (F)* das linke bzw. rechte Ende der Urteilsachse.

Die Wahrnehmungsachse wird durch eine sinnliche *(Empfinden (E))* und eine nicht-sinnliche *(Intuition (I))* Wahrnehmung begrenzt.

Werden Elemente der Wahrnehmungsfunktion mit denen der Urteilsfunktion verbunden, entstehen vier verschiedene Funktionsbünde:[242]

- *Empfinden und Denken* – analytische Intelligenz/Kreativität:
  Bei dieser Kombination werden Sinnesdaten mit rationalem Denken analysiert, wofür vorrangig analytische Fähigkeiten und wissenschaftlich exaktes Arbeiten zur Anwendung kommen.
- *Intuition und Denken* – intuitive Intelligenz/Kreativität:
  In diesem Fall kommen die ersten Impulse aus der Intuition, die anschließend durch rationales Gedankengut wissenschaftlich untermauert werden. Diese Kombination bezieht sich ausschließlich auf ein einzelnes Individuum („nach innen gerichtet").
- *Empfinden und Fühlen* – soziale Intelligenz/Kreativität:
  Die soziale Intelligenz beschreibt das „nach außen gerichtete" Verhalten eines Individuums zur Umwelt. Sie stellt gleichzeitig die Vorraussetzung für die soziale Kreativität dar und sichert ein harmonisches Miteinander.
- *Intuition und Fühlen* – spirituell-künstlerische Intelligenz/Kreativität:
  Dieses Zusammenwirken stellt die Harmonisierung der unbewussten Sinne in den Vordergrund. Adam bezeichnet den Verbund aus Intuition und Fühlen als „Voraussetzung für alle schöpferischen Leistungen, die mit dem Gefühl verbunden sind, z. B. für die musikalische Komposition"[243].

Rippel erweitert mit dem Orientierungsmodell durch Integration der Intuition das menschliche Bewusstsein. Gleichzeitig wird die Mehrdimensionalität der Kreativität demonstriert. Dabei spezifiziert er den allgemeinen Kreativitätsbegriff als eine Summation der analytischen, sozialen, spirituellen und intuitiven Kreativität.

Als Konsequenz des Modells fordert er ein mehrdimensionales Denken und das Ausbilden nach diesen Kompetenzen.

[242] *Vgl. Rippel, Jürgen (2008), S. 15ff.*
[243] *Adam, Klaus-Uwe (2003), S. 76.*

Intuition als innovativer Bestandteil im Controlling

Intuitives Controlling

3.

In diesem Buch kann die aufgeworfene Bedeutung der Intuition im Controlling nicht abschließend thematisiert werden. Dennoch werden im Folgenden erste Ansätze entwickelt, die die Bedeutung und das Potential der Intuition im Controlling zeigen sollen.

3.1 Problemstellung

Es hat lange gedauert, bis die Intuition im Management Anerkennung gefunden hat. Schon Gutenberg erkannte, dass das Geheimnis richtiger Entscheidungen in der sinnvollen Verknüpfung von Intuition und Rationalität besteht.[244] Einen festen Platz konnte sich die Intuition im Management aber erst in den letzten Jahren sichern. Zeitweilig versuchte man Erklärungsdefizite in einem immer komplexer werdenden Entscheidungsfindungsprozess mit Hilfe der Intuition zu schließen. Im Zuge einer steigenden Dynamik, Unsicherheit und Komplexität im Geschäftsleben sehen sich Unternehmen und Manager neuen Herausforderungen gegenüber. Dabei hat sich die Intuition als fester Bestandteil in der Entscheidungsfindung und Entwicklung von Visionen des Managements etabliert.

Manager werden oft als emotional und intuitiv agierend wahrgenommen. Controller hingegen haben den Anschein, eher nüchtern, begründbar und analytisch ihr Aufgabenpensum zu erfüllen und sich streng an monetären Größen zu orientieren.[245] Beide arbeiten eng zusammen. Beide sind aufeinander angewiesen und beide arbeiten an den gleichen Themenkomplexen. Und beide sollen in Arbeitsweise, Denken und Handeln vollkommen unterschiedlich sein?

Allein durch die Überschneidung vieler Aufgaben des Managers mit denen des Controllers, ist auch der Controller angehalten mit Hilfe der Intuition Entscheidungen zu treffen. Damit ist Intuition im Controlling im eigentlichen Sinne nicht revolutionär. Vielmehr ist die Daseinsberechtigung bzw. das Eingestehen und der Ausbau der Intuition im Controlling bislang gedanklich vernachlässigt und auch keiner Systematik zugeführt worden.

Als eine der Kernaufgaben des Controllers wird stets die Informationsversorgung des Managements genannt. Durch eine immer komplexer und dynamischer werdende Unternehmensumwelt, die mit einer wachsenden Informationsfülle einhergeht, sehen sich viele analytische Verfahren an ihren Grenzen. In einer solchen Situation, und wenn es „nur" das Aufspüren diverser Ansatzpunkte für analytische Informationsverarbeitungsverfahren ist, kann die Intuition für den Controller und somit für das gesamte Unternehmen einen enormen Mehrwert erzeugen.

[244] *Vgl. Gutenberg, Erich (1983), S. 131.*
[245] *Vgl. Weber, J./Schäffer, U. (2000b), S. 213.*

Dass die Wissenschaft einen Beitrag zu diesen praktischen Problemen liefern sollte, mag aus den steigenden Anforderungen an die Koordinations-, Reaktions- und Adaptionsfähigkeit des Controlling ersehen werden.

Die Problemstellung dieser Arbeit wird folglich in der noch ausstehenden, fundamentalen Konzeptionalisierung einer intuitionsintegrierenden Betrachtungsweise des Controlling gesehen.

3.2 Intuitive Kompetenz

3.2.1 Entwicklung der Anzahl der Controller- und Controller-ähnlichen Stellen in Deutschland

Zur Ermittlung einer aussagefähigen Tendenz haben Weber, Kosmider und Schäffer hierfür Querschnittsanalysen von 83.699[246] ausgewerteten Stellenanzeigen über 45 Jahre (1949-1994) durchgeführt.[247] Dabei unterscheiden sie zwischen einer *Controlling-Stelle* und einer *Controlling-ähnlichen Stelle*. Auffallend ist die progressive Entwicklung der Controlling-Stellen, wohingegen die Anzahl der Controlling-ähnlichen Stellen ein uneinheitliches Bild wiedergibt.

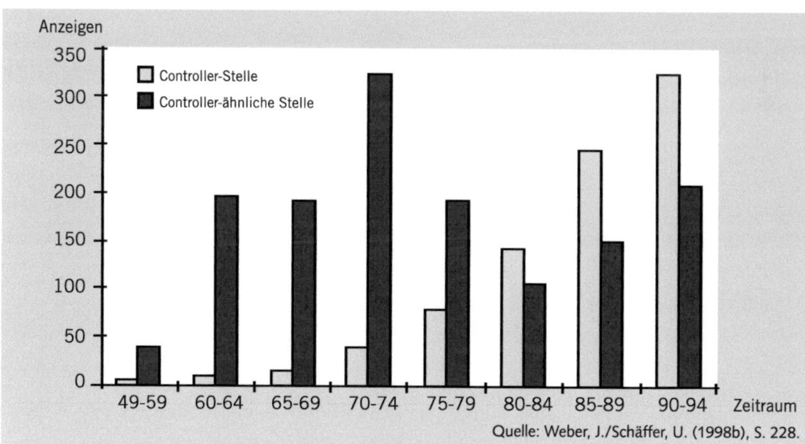

Abb. 16: Entwicklung der Zahl von Controller-Stellen und Controller-ähnlichen Stellen

[246] *Vgl. Weber, J./Schäffer, U. (1998b), S. 227.*
[247] *Vgl. Weber, J./Kosmider, A. (1991), S. 17ff.; Weber, J./Schäffer, U. (1998b), S. 227ff.*

Den sich ab Anfang der 70er Jahre (1970-1989) abzeichnenden Trend zu weniger Controlling-ähnlichen Stellen und steigenden Controlling-Stellen stützen Weber und Kosmider mit der oftmals zu findenden Hypothese, „Controlling habe sich anfangs in der Praxis durch Subsumierung bekannter betriebswirtschaftlicher Aufgabenfelder unter ein neues Label ergeben“.[248] Den Anstieg der Controlling-ähnlichen Stellen in den Jahren 1990-1994, wie auch in den fünf Jahren zuvor, begründen Weber und Schäffer mit der ausbleibenden Umdefinition von Controlling-ähnlichen Stellen in Controllerpositionen, da Controlling-Abteilungen in der Praxis mittlerweile etabliert sind.[249]

3.2.2 Veränderung der Aufgabeninhalte eines Controllers

Das Aufgabenspektrum im Controlling ist ein stark kontext- und kulturspezifisches Phänomen.[250] Dementsprechend sollte der Aufgabenkatalog eines Controllers immer auch im Zusammenhang länderspezifischer Anforderungen gesehen werden.

Die Wurzeln des Controlling liegen in Amerika. Dort findet man einen ersten Grundriss der Controllingaufgaben. Im Jahre 1962 wurde vom amerikanischen Financial Executive Institute (FEI), einer berufsständischen Controllerorganisation, eine Übersicht über Controller- und Treasureraufgaben veröffentlicht. Diese Abhandlung wird auch heute noch als Zusammenfassung der Controlleraufgaben herangezogen.[251] Allerdings genügt sie nicht mehr dem heutigen Anforderungskatalog an den Controller. Beispielsweise lässt diese Übersicht die Aufgabe des Risikomanagements und der Unternehmensbewertung völlig außen vor.

Die Funktion des Controlling wird in Abbildung 17 in sieben Einzelaufgaben untergliedert. Dabei wird das Hauptaugenmerk auf die Beteiligung an der Informationsaufgabe als auch am Planungs- und Kontrollprozess gelegt, die durch die Kästchen *Planung, Berichterstattung und Interpretation* und *Bewertung und Beratung* skizziert werden. Die Inhalte der verbleibenden vier Kästchen sind speziellen amerikanischen Anforderungen zuzuschreiben.

In Deutschland wurden erst später Studien zum Aufgabenspektrum des Controllers angestellt. Dabei bietet sich insbesondere die Auswertung in Stellenanzeigen genannter fachlicher Anforderungen an. Nachfolgend möchten die Autoren aus der großen Anzahl an empirischen Erhebungen einige ausgewählte wiedergeben.

[248] *Weber, J./Kosmider, A. (1991), S. 21.*
[249] *Vgl. Weber, J./Schäffer, U. (1998b), S. 228.*
[250] *Vgl. Weber, J./Schäffer, U. (2008), S. 13.*
[251] *Vgl. Weber, J./Schäffer, U. (2008), S. 5; Küpper, H.-U./Weber, J. (1995); Horváth, Péter (1978), S. 197; Schroeter, Bernhard (2002), S. 15.*

Abb. 17: Abgrenzung von Controller- und Treasurership gemäß Financial Executive Institute (1962)

		absolut	relativ zur Gesamtzahl der Stellenanzeigen	relativ zur Gesamtzahl der Aufgabennennungen
1.	EDV-gestütztes Controlling	576	40,02%	9,98%
2.	Berichtswesen	420	29,19%	7,27%
3.	Unternehmensplanung	334	23,21%	5,78%
4.	Budgetierung	313	21,75%	5,42%
5.	Finanzwesen	291	20,22%	5,04%
6.	Rechnungswesen	290	20,15%	5,02%
7.	Controlling (allgemein)	267	18,55%	4,62%
8.	Kostenrechnung	238	16,54%	4,12%
9.	Kurzfristige Erfolgsrechnung	214	14,87%	3,71%
10.	Jahresabschluß	205	14,25%	3,55%
11.	Abweichungsanalysen	189	13,13%	3,27%
12.	Organisation u. Verwaltung	179	12,44%	3,10%
13.	Investitionsplanung	162	11,26%	2,81%
14.	Aufbau und Weiterentwicklung eines Controllingsystems	161	11,19%	2,79%
15.	Überwachung von Hauptkennziffern	146	10,15%	2,53%
16.	Finanzbuchhaltung	144	10,01%	2,49%
17.	Steuern	132	9,17%	2,29%
18.	Auf- und Ausbau sowie Anwendung von Controllinginstrumenten	124	8,62%	2,15%
19.	Kostenplanung und -kontrolle	107	7,44%	1,85%
20.	Operative Unternehmensplanung	102	7,09%	1,77%
21.	Managementberatung	95	6,60%	1,65%
22.	Überwachung von Tochtergesellschaften	94	6,53%	1,63%
23.	Strategische Unternehmensplanung	87	6,05%	1,51%
24.	Bwl. Sonderuntersuchungen	87	6,05%	1,51%
25.	Absatz-Controlling	83	5,77%	1,44%
26.	Kalkulation	81	5,63%	1,40%
27.	Finanzplanung und -kontrolle	77	5,35%	1,33%
28.	Personal-Controlling	70	4,86%	1,21%
29.	Revision	67	4,66%	1,16%
30.	Informationen	66	4,59%	1,14%
31.	Laufende Liquiditätssicherung	59	4,10%	1,02%
32.	Projekt-Controlling	44	3,06%	0,76%
33.	Laufende Investitionskontrolle	39	2,71%	0,68%
34.	Überwachung von Geschäftsbereichen	39	2,71%	0,68%
35.	Sonstige Kostenrechnungsaufgaben	36	2,50%	0,62%
36.	Produktions-Controlling	34	2,36%	0,59%
37.	Finanzierung	31	2,15%	0,54%
38.	Beschaffungs-Controlling	31	2,15%	0,54%
39.	Werks-Controlling	25	1,74%	0,43%
40.	Versicherungswesen	14	0,97%	0,24%
41.	Rechtswesen	13	0,90%	0,23%
42.	Logistik-Controlling	11	0,76%	0,19%
43.	Forschungs- u. Entwicklungs-Controlling	8	0,56%	0,14%

Quelle: Reichmann, T./Kleinschnittger, U. (1987), S. 1093.

Abb. 18: Rangliste der Einzelaufgaben eines Controllers

Im Jahr 1986 publizierten Reichmann und Kleinschnittger eine Auswertung über 1439 Stellenanzeigen (siehe Abbildung 18), die ausdrücklich mit Controlling in Verbindung gebracht wurden. Dabei kamen sie zu dem Ergebnis, dass Themenkomplexe der Budgetierung der Unternehmensplanung, des Berichtswesens und des EDV-gestützten Controlling in weitgehend allen Branchen die größte Bedeutung haben.[252]

Im Ergebnis zeigt sich eine Dominanz der EDV-gestützten Controllinganforderungen, die mehr als 40 Prozent der Unternehmen in ihren Stellenanzeigen als notwendig bzw. wünschenswert ansehen. Das Motiv, die Informationsbeschaffung und -bereitstellung sowie den Aufbau eines Berichts- und Steuerungssystems zu gewährleisten, spiegelt sich in dem Streben der Unternehmen, ein EDV-gestütztes Controlling zu etablieren.

Neben Aufgaben in der Unternehmensplanung und Budgetierung erstreckt sich die Breite der von Controllern wahrzunehmenden Aufgaben auf die Finanzplanung und -kontrolle. Dies ist ein Beleg für den Wandel der klassischen Aufgabenverteilung zwischen Controller und Treasurer. Während früher der Treasurer finanzwirtschaftliche und der Controller erfolgswirtschaftliche Verantwortung trug,[253] übernimmt der Controller heute auch Aufgaben des Treasurers.[254]

Bei der anschließenden Untersuchung mittels Fragenbogen wurden Controlling-Praktiker nach ihren Tätigkeiten befragt (siehe Abbildung 19). Ziel der Auswertung der 117 Fragebögen war die Herausarbeitung der Unterschiede zwischen den Anforderungen der Unternehmen und den von Controllern tatsächlich wahrgenommen Aufgaben.

Wie aus Abbildung 19 zu ersehen ist, kann man die jeweiligen Einzelaufgaben der Ränge 1 bis 28 den Kategorien Informationsbeschaffung und -bereitstellung, Unternehmensplanung sowie Aus- und Aufbau der Controllingsysteme zuordnen. Daneben finden sich klassische Aufgaben der Erfolgs-, Wirtschaftlichkeits-, Investitions-, Kosten- und Leistungsrechnung wieder.[255]

Verglichen mit der Rangliste der geforderten Controlleranforderungen, „wird der Stellenwert der automatisierten Datenverarbeitung als Controllingaufgabe ... erheblich relativiert".[256] Stattdessen wird der Erfolgsplanung, Abweichungsanaylse, Kostenplanung, Managementberatung und dem Auf- und Ausbau von Controllingsystemen und -instrumenten eine weitaus größere Bedeutung beigemessen.[257]

[252] *Vgl. Reichmann, T./Kleinschnittger, U. (1987), S. 1096.*
[253] *Vgl. Reichmann, T./Kleinschnittger, U. (1987), S. 1094; siehe hierzu auch Pfohl, H.-C./Zettelmayer, B. (1985), S. 19.*
[254] *Vgl. Reichmann, T./Kleinschnittger, U. (1987), S. 1091ff.*
[255] *Vgl. Reichmann, T./Kleinschnittger, U. (1987), S. 1180f.*
[256] *Reichmann, T./Kleinschnittger, U. (1987), S. 1110.*
[257] *Vgl. Reichmann, T./Kleinschnittger, U. (1987), S. 1110f.*

		Anzahl: primäre Aufgabe	Anzahl: sekundäre Aufgabe	1 + 2	Prozentualer Anteil	Gewichtete Punktwerte	Gewogene durchsch. Punktwerte
1.	Abweichungsanalyse	104	8	112	95,7	216	1,85
2.	Kumulierte Erfolgsplanung	103	9	112	95,7	215	1,84
3.	Berichtswesen	102	10	112	95,7	214	1,83
4.	Kumulierte Kostenplanung	100	12	112	95,7	212	1,81
5.	Deckungsbeitragsrechnung, Profit-Center-Ergebnisrg.	101	10	111	94,9	212	1,81
6.	Auf- und Ausbau des Controlling-Instrumentariums	97	17	114	97,4	211	1,80
7.	Budgetierung	100	11	111	94,9	211	1,80
8.	Aufbau/Weiterentwicklung eines Controlling-System	95	19	114	97,4	209	1,79
9.	Operative Unternehmensplanung	97	12	109	93,2	206	1,76
10.	Betriebswirtschaftliche Sonderrechnungen	90	23	113	96,6	203	1,74
11.	Managementberatung	86	24	110	94,0	196	1,68
12.	Überwachung von Hauptkennziffern	89	17	106	90,6	195	1,67
13.	Kosten- u. Erfolgs-Kennzahlensystem	85	23	108	92,3	193	1,65
14.	Kumulierte Umsatzplanung	80	17	97	82,9	177	1,51
15.	Investitionsrechnung	70	32	102	87,2	172	1,47
16.	Kostenstellenbezogene Soll-Ist-Abweichungsanalyse	79	13	92	78,6	171	1,46
17.	Preisuntergrenzen-Bestimmung	71	25	96	82,1	167	1,43
18.	Plan-, Gewinn- und Verlustrechnung	71	21	92	78,6	163	1,39
19.	Mitwirkung bei Zielfestlegung	66	26	92	78,6	158	1,35
20.	Strategische Unternehmensplanung	65	28	93	79,5	158	1,35
21.	Kalkulation	61	30	91	77,8	152	1,30
22.	lfd. Investitionskontrolle	59	33	92	78,6	151	1,29
23.	Fixkostenmanagement	54	40	94	80,3	148	1,26
24.	Absatz/Vertriebs-Kennzahlensystem	58	32	90	76,9	148	1,26
25.	Geschäftsbereiche	68	12	80	68,4	148	1,26
26.	Plan-Bilanz	61	24	85	72,6	146	1,25
27.	Tochtergesellschaften	58	16	74	63,2	132	1,13
28.	Strategische Frühwarnung	50	30	80	68,4	130	1,11
29.	Produktionskennzahlensystem	42	33	75	64,1	117	1,00
30.	Permanente Projektergebniskontrolle	45	27	72	61,5	117	1,00
31.	Kurzfr. Finanzplanung	46	24	70	59,8	116	0,99
32.	Jahresabschluß	42	30	72	61,5	114	0,97
33.	Werke	48	17	65	55,6	113	0,97
34.	Personalplanung	41	30	71	60,7	112	0,96
35.	Langfr. Finanzplanung	44	21	65	55,6	109	0,93
36.	Personalkennzahlensystem	35	39	74	63,2	109	0,93
37.	Anregung von Investitionen und Desinvestitionen	26	52	78	66,7	104	0,89
38.	Nutz- u. Leerkostenanalyse	27	44	71	60,7	98	0,84
39.	Projektendabrechnung	37	23	60	51,3	97	0,83
40.	Finanzbuchhaltung	37	23	60	51,3	97	0,83
41.	Koordination Fertigungskap./Absatz/Lagerhaltung	33	30	63	53,8	96	0,82
42.	Angebotskalkulation	37	22	59	50,4	96	0,82
43.	Automatische Datenverbarbeitung	33	29	62	53,0	95	0,81
44.	Investitionskennzahlensystem	29	35	64	54,7	93	0,79
45.	Finanzkennzahlensystem	31	29	60	51,3	91	0,78
46.	Permanente Projektfinanzkontrolle	33	22	55	47,0	88	0,75
47.	Logistikkosten- und -leistungsrechnung	24	31	55	47,0	79	0,68
48.	Betriebsbereitschaftsgradorientierte Kostenanalyse	22	34	56	47,9	78	0,67
49.	Finanzierung	23	27	50	42,7	73	0,62
50.	Unternehmensbewertung	19	35	54	46,2	73	0,62
51.	Organisation und Verwaltung	20	32	52	44,4	72	0,62
52.	Steuerbilanz	25	21	46	39,3	71	0,61
53.	Steuerplanung	21	28	49	41,9	70	0,60
54.	ABC-Analyse	20	24	44	37,6	64	0,55
55.	Materialbedarfsplanung	22	20	42	35,9	64	0,55
56.	Forschung und Entwicklung	23	17	40	34,2	63	0,54
57.	Logistik-Kennzahlensystem	15	29	44	37,6	59	0,50
58.	Preisobergrenzen-Bestimmung	14	28	42	35,9	56	0,48
59.	Beschaffungskennzahlensystem	17	21	38	32,5	55	0,47
60.	Bestimmung des opt. Lieferbereitschaftsgrades	13	26	39	33,3	52	0,44
61.	Lieferantenanalyse	18	15	33	28,2	51	0,44
62.	Betriebsunterbrechungsanalyse (Produktion)	12	27	39	33,3	51	0,44
63.	Ermittlung opt. Distributionsstrukturen	13	24	37	31,6	50	0,43
64.	Bestimmung der opt. Materialbereitstellung	13	23	36	30,8	49	0,42
65.	Revision	13	22	35	29,9	48	0,41
66.	Bestimmung der opt. Lagerstandorte	10	26	36	30,8	46	0,39
67.	Beschaffungsmarktforschung	11	16	27	23,1	38	0,32
68.	Versicherungen	8	20	28	23,9	36	0,31
69.	Betriebsunterbrechungsanalyse (Beschaffung)	5	21	26	22,2	31	0,26
70.	Rechtswesen	5	14	19	16,2	24	0,21

Quelle: Reichmann, T./Kleinschnittger, U. (1987), S. 1109.

Abb. 19: Rangliste der Einzelaufgaben ermittelt durch Reichmann und Kleinschnittger

Mit insgesamt 83.699 ausgewerteten Stellenanzeigen ist die Erhebung von Weber, Kosmider und Schäffer eine der wohl aufwendigsten Querschnittsanalysen dieser Art (siehe Abbildung 20). Über einen Zeitraum von 45 Jahren werteten sie die Stellenanzeigen der Frankfurter Allgemeinen Zeitung aus. Dabei unterschieden sie in „reine“ Controller Stellen und Controller-ähnlichen Stellen.[258]

Aufgabenfelder	Betrachtungszeitraum 1949-1959	1960-1964	1965-1969	1970-1974	1975-1979	1980-1984	1985-1989	1990-1994
Berichtswesen	■	14,3	6,5	4,7	8,4	8,5	11,4	13,2
Kurz-/jahresbezogene/operative Planung	■	■	6,5	6,2	9,6	12	9,2	11,6
Strategische Planung	■	■	■	1,6	4	7,1	3,6	3,6
Betriebswirtschaftliche Beratung und Betreuung	25	4,8	4,8	2,3	3,2	3,7	4,8	4,7
Investitions-/Wirtschaftlichkeitsrechnungen	■	4,8	3,2	2,3	4	2,9	4,4	6,5
Budgetierung und Budgetkontrolle	■	4,8	12,9	9,3	11,9	8,8	10,1	7,9
Soll-Ist-Vergleiche/Abweichungsanalysen	■	9,5	8,1	7	11,1	6,8	12,4	10,7
Finanzplanung, Beobachtung der Liquidität	■	4,8	8,1	9,3	6,8	6,3	4,2	3,4
Mitgestaltung der Unternehmenspolitik und -ziele	■	■	■	■	2	1,5	1,7	0,8
Steuerung/Führungsaufgaben	■	■	1,6	0,8	2,8	2,2	1,6	3,1
EDV-Organisation	■	4,8	8,1	3,8	7,2	8	5,5	3,3
Projektkoordination/Sonderuntersuchungen	■	■	■	4,7	3,2	3,4	3,4	5,1
Bilanzierung/Konzernbilanzierung	■	14,3	3,2	6,9	2,4	2,7	2,7	4,2
Buchhaltung	■	9,5	4,8	7,8	3,2	3,4	2,1	2,5
Kostenrechnung/Kalkulation	50	18,9	14,5	11,6	5,5	9,5	7,7	6,4
Steuerwesen	25	9,5	4,8	5,4	3,6	2	1,2	0,9
Sonstiges	■	■	12,9	16,3	11,1	11,2	14	12,1

Quelle: Weber, J./Schäffer, U. (1998b), S. 229.

Abb. 20: Aufgabenbereiche in Controller-Stellenanzeigen in Prozent von 1949-1994

Bei näherer Hinsicht wird deutlich, dass seit geraumer Zeit im Controlling die zentrale Aufmerksamkeit – in der Reihenfolge der größten Nennanteile – auf folgenden Aufgabenbereichen liegt: Berichtswesen (13,2%), Sonstige Aufgaben (12,1%), Operative Planung (11,6%), Soll/Ist-Vergleiche/Abweichungsanalysen (10,7%), Budgetierung und Budgetkontrolle (7,9%). Betrachtet man den Umstand, dass zu Beginn 1970 die Aufgabenbereiche Strategische Planung und Projektkoordination/Sonderuntersuchungen hinzugekommen sind und ab 1975 auch die Mitgestaltung der Unternehmenspolitik und -ziele in das Aufgabenbündel des Controllers aufgenommen wurden, wird deutlich, dass dessen Aufgabenspektrum breiter wird und die Anforderungen an ihn steigen. Unverkennbar ist, dass sich die Kompetenz zu einer engen Zusammenarbeit mit dem Management zunehmend als Kernkompetenz herauskristallisiert, während das Rechnungswesen, mit Schwerpunkt Kostenrechnung/Kalkulation, kontinuierlich an Bedeutung verliert.[259] Auffällig erscheint an dieser Aufstellung, dass insbesondere in den Jahren 1990-1994 die Anforderungen in verhältnismäßig neueren Aufgabenfeldern, wie Projektkoordination, Führungsaufgaben für Controllerstellen sowie (Konzern-) Bilanzierung, außerordentlich gestiegen sind.[260]

[258] *Vgl. Weber, J./Kosmider, A. (1991) und Weber, J./Schäffer, U. (1998b).*

[259] *Vgl. Weber, J./Schäffer, U. (1998b), S. 229; Weber, J./Kosmider, A. (1991), S.27ff.*

[260] *Vgl. Weber, J./Schäffer, U. (1998b), S. 229.*

3.2.3 Begründung der intuitiven Kompetenz

„Controllership bezeichnet das gesamte Aufgabenbündel, das Controllern übertragen und/oder von diesen wahrgenommen wird.“[261] In Kapitel 3.2.2 wird deutlich, dass das Aufgabenspektrum des Controllers sich kontinuierlich verändert. Die logische Konsequenz daraus ist, dass sich auch die damit einhergehenden Kompetenzanforderungen verändern.

Die Intuition wurde bisher noch nicht als eigenständige Kompetenzanforderung gesehen. Es wirkte schon beinahe revolutionär, als Pfohl und Zettelmeyer, in einer Befragung zum Anforderungsprofil eines Controllers des strategischen Controlling, die Intuition in der Kategorie geforderte *Geistige Fähigkeiten* auflisteten.[262]

Interessant ist die zunehmende Bedeutung an Berateraufgaben und die Mitwirkung am Unternehmensgeschehen (vgl. Abbildung 20). So zählen seit den 60er Jahren neben der Steuerung und Übernahme von Führungsaufgaben die strategische Planung, die Projektkoordination und Sonderuntersuchungen zu den weiteren Aufgabenbereichen des Controllers. In den 70er Jahren wird vom Controller zudem Verantwortung in der Mitgestaltung der Unternehmenspolitik und -ziele gefordert. Im Hinblick auf diese Veränderung kann sich das Bild des *Zahlenknechts* oder *Erbsenzählers*,[263] das den Controller als rein zahlenorientiert, ausschließlich analytisch, klar begründend und nüchtern darstellt, nicht mehr halten. Es steigt nämlich die Komplexität beträchtlich, fundierte Entscheidungen anzuregen und vorzubereiten, da zu diesen Aufgaben ungleich schwerer quantifizierbare Größen als Entscheidungsgrundlage vorliegen. Ferner geben wachsende Arbeitsbelastung, Zeitdruck und Komplexität der Informationen dem Controller nicht ausreichend Spielraum rein analytisch vorzugehen. Für die Bewältigung dieser Aufgaben sind die im Kapitel 2.4.1 bereits beschriebenen Kompetenzarten unumgänglich. Allerdings bleibt in diesen die Intuition noch unberücksichtigt. Die Intuition ist eine Fähigkeit, die auf der unterbewussten Verarbeitung von Erfahrungen basiert, ohne bewusste Aufmerksamkeit auskommt und ein zeitnahes und müheloses Reagieren ermöglicht. Sie ist eine Kompetenz, die zwar bislang im Controlling noch keinen Anklang gefunden hat, doch vor dem Hintergrund der Aufgabenumorientierung eine wichtige Ergänzung der bereits bestehenden Kompetenzen darstellt.

Ein konsistentes Berichtswesen ist eine der Kernaufgaben im Controlling. In der Literatur lediglich als sekundär eingestuft, stellt diese Anforderungsausprägung in Stellenanzeigen die am häufigsten genannte fachliche Anforderung an den Controller

[261] *Weber, J./Schäffer, U. (2008), S. 1.*
[262] *Vgl. Pfohl, H.-C./Zettelmeyer, B. (1985), S. 31.*
[263] *Vgl. Weber, J./Schäffer, U. (2008), S. 14.*

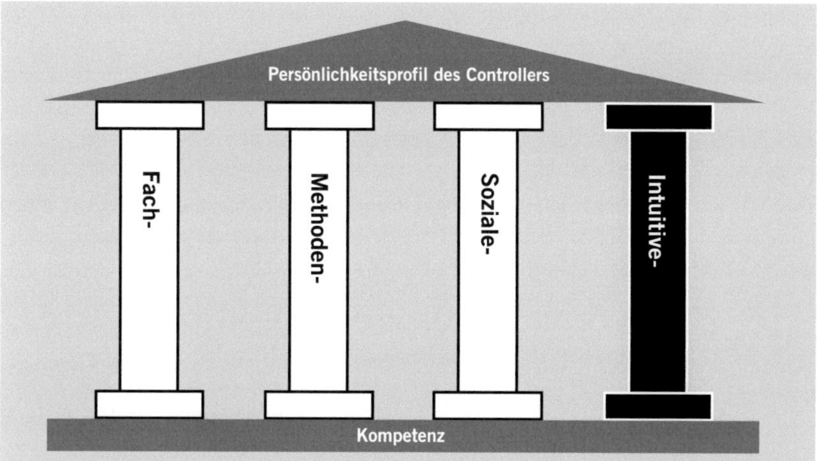

Abb. 21: Die intuitive Kompetenz im Kompetenzmodell

dar. Bei der Erstellung eines Berichts ist es entscheidend, den Informationsbedarf des Managements zu decken. Dabei sollte darauf geachtet werden, dem Management vornehmlich entscheidungsrelevante Informationen zu liefern. Die Schwierigkeit besteht darin, zwischen relevanten und irrelevanten Informationen zu differenzieren. Das Einbeziehen von Intuition bietet die Möglichkeit, auf dem schnellsten Weg wesentliche Informationen aus der täglichen Informationsflut herauszufiltern. Hat ein Controller bereits Erfahrungen im Berichtswesen gesammelt, haben sich Muster gebildet, nach denen er Informationen bewertet. Stößt er während einer anderen Tätigkeit auf Informationen, die für die Führung relevant sein könnten, jedoch noch nicht in die Berichte aufgenommen wurden, erfährt der Controller durch Abweichungen von den bereits gebildeten Mustern einen Denkanstoß. Infolgedessen entsteht eine Verknüpfung zwischen den gefundenen Informationen und deren Notwendigkeit für das Berichtswesen. Der Mehrwert ergibt sich in der Aufnahme der neuen relevanten Informationen in das bereits bestehende Berichtswesen. Durch Intuition kann das Berichtswesen verändert, ergänzt und auf seine Effektivität überprüft werden.

Zu einem durchgängigen Berichtswesen gehört auch eine Informationsaufarbeitung und -verarbeitung, die Informationen dem Management verständlich und anschaulich präsentiert. Es ist von Unternehmen zu Unternehmen unterschiedlich, inwieweit diese Aufgabe vom Controlling wahrgenommen wird, doch unterscheidet man prinzipiell

Standardberichte, Abweichungsberichte und Bedarfsberichte.[264] Jede Berichtsart weist bestimmte Strukturen auf, welche sich in ihrer Flexibilität deutlich unterscheiden. Form und Inhalte eines Standardberichts differieren von denen des Bedarfsberichts. „Bedarfsberichte werden immer dann vom Management nachgefragt, wenn der Informationsbedarf des Managements über die in den Standardberichten bzw. Abweichungsberichten enthaltenen Informationen hinausgeht."[265] Die Herausforderung beim Erstellen eines Bedarfsberichts besteht darin, den Anforderungen des Managements in Form und Inhalt gerecht zu werden. Hierzu benötigt man ein gewisses „Gespür". Dieses „Gespür" – dieses Bauchgefühl – ist die Intuition.

Glaubt man, dass die Nutzung von Intuition im Controlling eine Wende gegenüber der bisherigen analytischen Arbeitsweise bedeutet, liegt man falsch! Intuition ist bereits heute Bestandteil im Controlling. Folgendes Beispiel soll zur Verdeutlichung dienen:

Bernd ist erfahrener Controller in einer Niederlassung eines deutschen Premium-Autobauers. Ihm wurde die Aufgabe zugeteilt, die Absatzzahlen der Luxuslimousine des Typs WDB-243 zu überwachen. Bei Unterschreiten eines monatlichen Mindestabsatzes von 50 Autos muss er dem Niederlassungsleiter Bericht erstatten. Anfang des Jahres 2008 verkaufte die Niederlassung jeden Monat zwischen 90 und 105 Autos.

Im Zuge der Finanz- und Wirtschaftskrise konnte die Niederlassung im letzten Quartal 2008 durchschnittlich nur 70 Autos verkaufen. Im Januar und Februar 2009 schrumpfte der Absatz auf 61 und 55 Autos. Zwar bestand zu einer Berichterstattung noch kein Anlass, da die Mindestmenge von 50 Autos immer noch überschritten wurde.

Trotzdem hatte Bernd ein schlechtes Bauchgefühl für die kommenden Monate und entschied sich vorzeitig, seinen Chef zu unterrichten. Aufgrund Bernds früher Warnung konnte der Niederlassungschef mit entsprechenden Gegenmaßnahmen (z. B. Rabatten) dem Trend gegensteuern.

Wäre Bernd rein rational vorgegangen, hätte er solange mit seiner Berichterstattung gewartet, bis die Marke von 50 Autos unterschritten gewesen wäre. Vor dem Hintergrund, dass sich die Absatzzahlen stetig verschlechterten und die wirtschaftlichen Rahmenbedingungen für 2009 nicht gut sind, hatte er ein schlechtes Bauchgefühl. Dieses

[264] *Vgl. Weber, J./Schäffer, U. (2008), S. 222f.*
[265] *Weber, J./Schäffer, U. (2008), S. 222.*

Bauchgefühl – seine Intuition – veranlasste ihn, „irrational“ zu handeln und seinem Chef Bericht zu erstatten. Dies ist nur ein Beispiel, dass auch ein Controller nicht immer rein zahlenorientiert handelt, sondern auch andere Faktoren (im Beispiel die wirtschaftlichen Rahmenbedingungen), mit in seine Entscheidung einbezieht. Schon jetzt werden im Controlling mittels Bauchgefühl – der Intuition – Entscheidungen gefällt, die rational nur schwer zu begründen sind.

Eine allgemeingültige Abgrenzung der Intuition von anderen Energien wie Kreativität, Inspiration, Instinkte, Reflexe etc. ist derzeit noch nicht existent. Um jedoch nicht den mystischen Bereich verschiedener Erfahrungswissenschaften oder holistischer Betrachtungsweisen zu geraten, erscheint es sinnvoll, die von vielen anerkannte Erfahrungsbasis (siehe Kapitel 2.2.4) der Intuition als elementares Unterscheidungskriterium anzusehen. Betrachtet man die Intuition als Hilfsmittel der Kreativität,[266] hat sie im Controlling wie auch in anderen Aufgabenbereichen einen hohen Stellenwert. Vor dem Hintergrund, dass – bedingt durch die Produktionsverlagerungen – immer mehr Arbeitsplätze ins Ausland verlagert werden, leisten die evolvierten Fähigkeiten deutscher Controller – wie z.B. die Intuition basierend auf Berufserfahrung – einen wertvollen Beitrag zu deren Arbeitsplatzsicherung. Im Controlling bietet die Intuition neue Chancen und Möglichkeiten bei der Implementierung und Entwicklung von neuen Controllingsystemen und -instrumenten.

In der Literatur werden die Aufgaben des Controllers von denen des Managers klar unterschieden, doch in der täglichen Praxis ist diese strikte Trennung durchaus umstritten. Schon im Jahre 1965 erkannte Anthony die Breite des Aufgabenspektrums eines Controllers: „In practice, people with the title of controller have functions that are, at one extreme, little more than bookkeeping and, at the other extreme, de facto general management.“[267]

Uebele ermittelte im Jahre 1981 durch Auswertung von 227 Fragebögen, die er an Industrieunternehmen mit mindestens 500 Mitarbeitern verschickt hatte, dass in 87 Prozent der Fälle der Controller zur ersten oder zweiten Hierachieebene des Unternehmens gehört.[268] Die Schnittmenge zwischen Manager und Controller definiert Controlling als eigenen Prozess und eigene Denkweise (siehe Abbildung 12).

In der Rollenstellung zwischen Controller und Manager ist es essentiell, dass Controlling, im Sinne von Beeinflussung und Steuerung der Prozesse und Sachverhalte, nicht als exklusive Aufgabe des Controllers, sondern als zentrale Managementaufgabe gesehen wird. „Der Controller hat nicht Zahlen, sondern Fähigkeiten zu vermitteln.“[269]

[266] *Siehe auch Myers Überlegungen zur Kreativität mit Blick auf die Intuition: Vgl. Myers, David G. (2002), S. 59ff.*

[267] *Anthony, Rorbert N. (1965), S. 28.*

[268] *Vgl. Uebele, Herbert (1981).*

[269] *Horváth, Péter (2006), S. 65.*

Der in der Theorie klar gezogene Trennstrich, zwischen den Aufgaben des Managers und denen des Controllers, ist in der Praxis oftmals nicht mehr gegeben. Dabei geht es konkret um die spezifischen Probleme der kleinen und mittleren Unternehmen (KMU).[270] In der betrieblichen Praxis kleiner und mittlerer Unternehmen wird der Controller mit Kompetenzen ausgestattet, die in der Theorie der Unternehmensspitze zugesprochen werden müssten. Der zeitliche Druck, durch die begrenzte Anzahl der Mitarbeiter, ist in den KMU überdurchschnittlich hoch. Die Aufmerksamkeit der Führung widmet sich einen großen Teil des Tages dem operativen Geschäft. Diese Dominanz des Tagesgeschäfts behindert den Manager führungsspezifische Aufgaben und Verantwortung wahrzunehmen. Die Konsequenz daraus ist das sukzessive Übertragen von Aufgaben und Kompetenzen des Managements auf den Controller.

Agor beschrieb die zukünftige Notwendigkeit von Intuition im Management wie folgt: „Spitzenkräfte von morgen werden äußerst komplexe Situationen vorfinden und Entscheidungen fällen müssen, obwohl vollständige Daten für eine rationale (lineare, deduktive) Verarbeitung (wie sie der Arbeitsweise des linken Gehirns entspricht) entweder gar nicht zur Verfügung stehen, nicht ausreichend oder zu kostspielig sind, um rechtzeitig erfaßt zu werden.“[271] Betrachtet man die Entwicklungen im Controlling, kann diese Prognose deckungsgleich auf den Controller übertragen werden.

Weber und Schäffer schreiben:

„Gerade in Unternehmen mit traditionell stabiler Umwelt, die in zunehmend dynamische und neue Fahrwasser kommen, nehmen die Wissensdefizite des Managements zu: der relevante Engpaß liegt dann häufig im Ausbau der intuitiven Seite der Führung.“[272]

Mittlerweile ist die intuitive Kompetenz im Management fest etabliert.[273]

Übernimmt der Controller Aufgaben des Managements bzw. herrscht keine klare Trennung der Aufgabenbereiche vor, benötigt auch er die intuitive Kompetenz.

Johann Wieland, Leiter des Konzerncontrollings der BMW AG, beschreibt seine Vorstellung von einem einwandfreien Controlling wie folgt:

„Es reicht für ein exzellentes Controlling eben nicht, nur Zahlen zu liefern. Das Controlling muss sowohl mitreden als auch mitentscheiden und mitverantworten.“[274]

[270] *Vgl. Letmathe, Peter u.a. (2007); Heyse, V./Erpenbeck, J. (2007), S. 241f.; Kummert, Börge (2005), S. 155ff.*

[271] *Agor, Weston H. (1989), S. 12.*

[272] *Weber, J./Schäffer, U. (1999a), S. 736.*

[273] *Vgl. Nidiaye, Safi (1999); Schreyögg, G./Sydow, J. (2001); Agor, Weston H. (1989); Bechtler, Thomas W. (1986); Rowan, Roy (1989); Parikh, Jagdish (1994); Rowan, Roy (1986).*

[274] *Wieland, Johann (2007), S. 244.*

3.3 Der intuitive Ansatz im Controlling und dessen Einordnung in die Controlling-Forschung

3.3.1 Kritische Würdigung bisheriger Controlling-Ansätze

Eine vollkommen überlappungsfreie Grenzziehung zwischen den in Kapitel 2.3 beschriebenen Controlling-Ansätzen ist aufgrund der selben Thematik, der Gemeinsamkeiten und Vereinbarkeiten der erörterten Paradigmen, lediglich unterschiedlicher Blickwinkel und mehr oder weniger gelungener Umformulierungen bestehender Begriffsauffassungen kaum möglich. Weber und Schäffer beschreiben das Streben nach einem einzig wahren Controllingverständnis wie folgt: „Eine Vielzahl von Beiträgen stellt immer aufs Neue die Begrifflichkeit und Strukturierung verschiedener Definitionsansätze des Controlling in Frage, ordnet sie anders und vergisst dabei zu helfen, die Probleme der betrieblichen Praxis zu lösen."[275] Die beiden Autoren sprechen im Zusammenhang mit der Suche nach der richtigen Controllingdefinition gar von einem Scheingefecht.[276] Mit dieser Ansicht bringen sie die Problematik zwischen Controlling-Theorie und Controlling-Praxis auf den Punkt.

Der koordinationsorientierte Ansatz gilt als der theoretisch am stärksten fundierte Ansatz.[277] Die Kernaussage dieses Ansatzes lässt sich in Anlehnung an dessen Hauptvertreter Küpper etwa so paraphrasieren: Das Führungsgesamtsystem wird in Führungsteilsysteme gegliedert. Durch diese Unterteilung entsteht ein Koordinationsbedarf, der als zentrale Zwecksetzung des Controlling zu verstehen ist.[278] Zu untersuchen ist, ob in der Praxis diese Ausweitung des Koordinationsverständnisses auf alle Führungsteilsysteme umzusetzen ist. Hierauf müssten das Anforderungsprofil und die Kompetenzausstattung der Controller angepasst werden. Gleichermaßen ist unklar, ob in der Praxis diese Koordinationsaufgabe die Kernaufgabe des Controllers darstellt oder diese durch andere Aufgabenbereiche in den Hintergrund gestellt wird. Beispielsweise wird die Zielausrichtung in den koordinationsorientierten Controllingkonzeptionen nur als abgeleitete Zielsetzung beschrieben,[279] während sie in der Literatur als maßgeblich dargestellt wird.[280]

Die informations-, koordinations- sowie planungs- und kontrollorientierten Ansätze erörtern weniger die Ablauffragen des Entscheidungsverhaltens und abstrahieren weit-

[275] *Weber, J./Schäffer, U. (1999a), S. 732.*
[276] *Vgl. Weber, J./Schäffer, U. (1999a), S. 731.*
[277] *Vgl. Weber, J./Schäffer, U. (1999a), S. 732.*
[278] *Vgl. Küpper, Hans-Ulrich (1990a), S. 168f.*
[279] *Vgl. Küpper, Hans-Ulrich (1990a), S. 170.*
[280] *Vgl. Berger, Michael M. (2004), S. 52; Picot, Arnold (1993), S. 51.*

gehend von Entscheidungsinhalten. Einen ersten Brückenschlag zwischen Theorie und Praxis bildet der rationalitätssicherungsorientierte Ansatz nach Weber und Schäffer. Dieser Ansatz gilt als Summation aller zuvor konzipierten Ansätze. Daneben befasst er sich ausführlich mit der Willensbildung des Managements. Als erster Ansatz in der Controlling-Theorie widmet er sich einer geschlossenen und umfassenden Darstellung der Rolle der Intuition. Dabei ist das Controlling als rationalitätssicherndes Gegenstück der vom Management repräsentierten intuitiven Seite gekennzeichnet.[281] Zur Aufgabenteilung zwischen Controller und Manager können Controller „beispielsweise Plansätze kritisch hinterfragen und durch die Überprüfung des Entscheidungsprozesses wesentliche Hinweise auf die Beurteilung des Entscheidungsergebnisses erhalten".[282] In welcher Form die Entscheidungen des Managements kritisch hinterfragt werden müssen, wird jedoch nicht diskutiert. Auch mit einem zweckadäquaten Einsatz der Intuition können solche kritischen Analysen durchgeführt werden. Der Controller ist damit keinesfalls gezwungen, seiner Aufgabe der Führungsunterstützung ausschließlich mittels analytischer Methoden nachzukommen.

Weber und Schäffer fordern eine schlüssige und überzeugende Argumentation der Führungsspitze gegenüber dem Controlling. Erst nachdem der Manager seine Planung in ihren Annahmen und Bewertungen dem Controlling gegenüber erfolgreich verteidigen konnte und ein einhelliger Konsens darüber besteht, ergibt sich daraus eine hohe Wahrscheinlichkeit dafür, dass kein Zielbias des Managements vorliegt.[283] Diese Forderung ist als äußerst kritisch anzusehen, denn gerade durch das „zwanghafte" Suchen nach einer rationalen Untermauerung – im Sinne der Selbstbeobachtung – kann sich eine optimale Entscheidung in eine suboptimale wandeln, da man sich auf plausible Gründe konzentriert, die evtl. vorher weniger Bedeutung hatten.[284]

Die beiden Autoren gestehen ein, dass intuitive Entscheidungen häufig auch äußerst effizient sein können,[285] und sprechen der Intuition implizites Wissen als Grundlage zu.[286] Sie sehen allerdings eine Willensbildung durch Intuition allein dann gerechtfertigt, wenn „nur begrenztes Wissen zur Verfügung"[287] steht. Aus den bisherigen Betrachtungen in Kapitel 2.2 kann zusammenfassend gefolgert werden, dass Intuition nicht durch begrenztes Wissen gekennzeichnet ist. Der Annahme von Weber und Schäffer muss also mit Nachdruck widersprochen werden.

[281] *Vgl. Weber, J./Schäffer, U. (1999a), S. 734f.*
[282] *Weber, J./Schäffer, U. (1999a), S. 733.*
[283] *Vgl. Weber, J./Schäffer, U. (1999a), S. 733.*
[284] *Vgl. Wilson, Tom D. u.a. (1993).*
[285] *Vgl. Weber, J./Schäffer, U. (1999a), S. 735.*
[286] *Vgl. Weber, J./Schäffer, U. (1999a), S. 734.*
[287] *Weber, J./Schäffer, U. (1999a), S. 734.*

Die Unterstellung, dass bei begrenztem Wissen eine Willensbildung durch Intuition erfolgt, impliziert die vollkommene Informationstransparenz als Voraussetzung einer rationalen Willensbildung. Tatsächlich sind derartige Entscheidungssituationen weder im Alltag eines Managers noch eines Controllers gegeben. Reale Entscheidungssituationen, deren Entscheidungsqualität verallgemeinernd von der Informationsmenge, der Informationsverarbeitungskapazität, der Anwendungsfähigkeit von Informationen und Methoden wie auch von Verhaltensvariablen abhängt, sind meist mit unvollkommenem Wissen bzw. Informationsstand zu bewältigen.

Im Rahmen der Rationalitätssicherung sehen Weber und Schäffer aber auch Gefahren an der einseitigen Orientierung des Controlling an der Reflexion. Eine optimale Unterstützung der Führungsspitze sichert der Controller nicht nur durch die Repräsentation des reflexiven Faktors gegenüber der intuitiven Seite des Managements. Stattdessen sollte er das Management bei mangelndem intuitivem Führungsverhalten zu einer erhöhten Bereitschaft intuitiven Handelns und schöpferischer Freiheit anhalten.[288] Die daraus resultierende Problematik ist die, dass der Controller ein Verhalten des Managements fördern soll, das ihm selbst bislang nicht zugesprochen wird (bzw. zugesprochen werden darf). Zu untersuchen ist, ob es überhaupt möglich ist, das Management zum intuitiven Handeln anzuregen, wenn der Controller keine Kenntnisse über Intuition und deren Prozesse hat. Vergleichsweise ist es schwer nachzuvollziehen, dass ein Kunstlehrer die Kreativität seiner Schüler fördern kann, ohne selbst als kreatives Vorbild voranzugehen oder zumindest einschlägige Kenntnisse über zweck- und problemgerechtes Verständnis und entsprechende Anwendung der Kreativität und deren Prozesse zu verfügen.

Weber und Schäffer sehen aber auch das Potential der Intuition: „Durch den Einsatz von Intuition werden dem menschlichen Gestaltungswillen Bereiche zugänglich, die der Reflexion allein verschlossen bleiben."[289] Als Prämisse guter intuitiver Entscheidungen sehen sie Erfahrung und fundiertes Wissen. Gleichzeitig kritisieren sie, dass die Qualität intuitiver Entscheidungen allenfalls ex post feststellbar ist,[290] und kommen zu dem Entschluss, dass „Controller aufgrund ihrer Ausbildung und Erfahrung nicht in der Lage… [sind], den intuitiven Part selber zu spielen".[291] Es wird allerdings nicht geklärt, was sie konkret unter „Ausbildung" verstehen. Wie ein Manager sammelt auch der Controller Erfahrungen in seinem beruflichen Werdegang. Demzufolge ist damit das wesentliche Kriterium einer ausgereiften Intuition erfüllt.[292]

[288] *Vgl. Weber, J./Schäffer, U. (1999a), S. 736.*
[289] *Weber, J./Schäffer, U. (1999a), S. 736.*
[290] *Vgl. Weber, J./Schäffer, U. (1999a), S. 736.*
[291] *Weber, J./Schäffer, U. (1999a), S. 736.*
[292] *Vgl. Kapitel 2.2.4*

3.3.2 Intuition und Rationalität

Die Begriffe Intuition und Rationalität können auf verschiedenste Art und Weise definiert und über diese Thematik gar ein eigenes Buch verfasst werden. Im folgenden Kapitel möchten wir weniger auf die Bergriffsverwirrung eingehen, sondern vielmehr die Gegensätze und das fruchtbare Spannungsverhältnis zwischen Intuition und Rationalität präzisieren.

Als ein mögliches Erklärungsmuster für Handlungen wird die Rationalität bzw. Irrationalität verwendet. Neben anderen Energien, wie z. B. der Kreativität, wird auch die Intuition gemeinhin als irrationale Kraft aufgefasst. Beide Merkmale stehen landläufig in einer konkurrierenden Beziehung zueinander. Demnach wird einer Entscheidung entweder ein rationaler oder ein intuitiver Charakter zugewiesen.

Dieser allgemeinen Meinung widerspricht Klein vehement: „intuition is not the opposite of rationality"[293]. Selbiges schreibt Isenberg: „it should be clear that intuition is not the opposite of rationality"[294].

Die Steuerung und Gestaltung des Entscheidungsverhaltens erfolgt durch ein fruchtbares Zusammenspiel der Intuition mit der Rationalität. Mit der Prämisse, dass eine Entscheidung in den seltensten Fällen weder rein rational noch rein intuitiv getroffen wird, ist die Schnittmenge beider ein sinnvolles Verständnis einer Entscheidungsstruktur.[295]

In welchem Mischungsverhältnis (in Abbildung 22 als „IntuiRatio" bezeichnet) sich beide Potentiale innerhalb der Schnittmenge ergänzen, hängt von mehreren Variablen, wie z. B. der jeweiligen Situation, Persönlichkeit etc. ab und ist damit äußerst komplex.[296] Die Unterstellung, dass der Controller ein rein rationales Entscheidungsverhalten aufweist – sozusagen als Zahlenknecht fungiert –, ist damit antiquiert. In welchem Umfang er die Möglichkeit bekommt bzw. wahrnimmt, intuitiv zu entscheiden, liegt größtenteils im unternehmensspezifischen Kontext begründet.

Der amerikanische Psychiater McKean kommentiert die Problematik des unterschiedlichen Entscheidungsverhaltens folgendermaßen: „Bei Wirtschaftswissenschaftlern ist die Meinung weit verbreitet, dass die Handlung[en] von Menschen, die nicht logisch sind, zufällig und unbeschreiblich sein müssen. Somit kann kein Wesen zwischen einem hyperrationalen Roboter und einem Vollidioten eingestuft werden, doch die Menschen, die wir untersuchen, sind weder das eine noch das andere."[297]

[293] *Klein, Gary (2003b), S. 19.*
[294] *Isenberg, Daniel J. (1984), S. 86.*
[295] *Ähnliches Verständnis vom Zusammenspiel hat Klein mit seinem RPD-Modell: Siehe Kapitel 2.2.2 und Hunsicker, Quincy J. (1986).*
[296] *Vgl. Hunsicker, Quincy J. (1986), S. 197.*
[297] *K. McKean, (1985) zitiert nach Hunsicker, J. Quincy (1986), S. 202.*

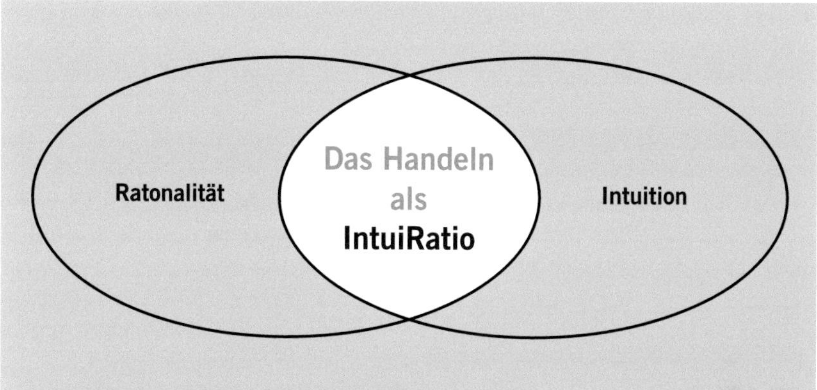

Quelle: Eigene Darstellung.

Abb. 22: Zusammenspiel Intuition und Rationalität

Der Ansatz eines rein rationalen Entscheidungsverhaltens birgt nach Klein die Gefahr der *Hyperrationalität*. Falls versucht wird, möglichst alle Probleme und Entscheidungen allein mit logischen und analytischen Formen des Denkens zu bewältigen, kann es zu einer mentalen Störung kommen. Wird dieses Verhalten über längere Zeit beibehalten, besteht das Risiko einer speziellen Art der Lähmung – der *analytischen Lähmung* –. Der Entscheidungsträger ist dabei durch seinen fehlenden Willen, Entscheidungen auch auf nicht empirisch gewonnene, unvollständige oder fehlende Informationen hin zu fällen, stark negativ in seinem Entscheidungswillen, seiner Entscheidungsgeschwindigkeit und -stärke beeinflusst.[298]

Wie bereits erwähnt, ist im Controlling eine vollständige Informationstransparenz erwünscht, doch in der Praxis in den seltensten Fällen vorhanden. Allein durch den vorherrschenden Zeitdruck und die Informationskosten ist der Controller gezwungen, mit unvollständigen Informationen zu arbeiten. Dennoch sind analytische Methoden und Entscheidungsverfahren ein wichtiger Bestandteil im Controlling, mit denen der Controller auch seine Intuition überprüfen kann.[299]

Dass analytische Verfahren zeitweilig keine Voraussetzung für eine zielorientierte Lösung sind, bzw. einem intuitiven Lösungsansatz unterliegen, zeigen verschiedene em-

[298] *Vgl. Klein, Gary (2003a), S. 304.*

[299] *Klein ist der Meinung, dass die Rationalität auch zur Überprüfung von Intuition verwendet werden kann: Siehe hierzu Klein, Gary (2003b), S. 54.*

pirische Untersuchungen.[300] Beispielsweise war das Ergebnis der Take-the-Best-Regel[301] mindestens ebenso gut, wie das der Bayes-Regel[302].

Die praktische Relevanz der Take-the-Best-Regel bezieht sich auf das Vorhersagen zukünftiger Ereignisse oder Zustände, wenn diese schwer vorhersehbar sind und relevante Informationen nur beschränkt zur Verfügung stehen. Analytische Verfahren sind prädestiniert für Zukunftsprognosen,[303] denen umfassende Informationen zugrunde liegen oder die in einem hohen Maße vorhersehbar sind. Daneben sind komplexe Strategien ein probates Mittel die Vergangenheit zu erklären, da sie in der Lage sind, bekannte Informationen und Ursachen so zu gewichten, dass die resultierende Lösung dem bereits Bekannten entspricht. Die Stärke der Faustregel – der Intuition – liegt darin, sich lediglich auf die zukunftsrelevanten Informationen zu konzentrieren und alle weniger oder nicht relevanten Daten außer Acht zu lassen.[304]

Diese Erkenntnisse geben einen Hinweis darauf, dass auch im Controlling mit dem Ersetzen rationaler Analyse- und Entscheidungsmethoden durch intuitive Verfahren genauso gute Lösungen mit geringerem Zeitaufwand, weniger Informationen und dadurch niedrigeren Informationskosten zu erreichen sind. Darüber hinaus können auf diese Weise qualitativ hochwertige Prognosen erstellt und damit weitere Beiträge zur Sicherung oder Verbesserung der angestrebten Gesamtzielerreichung geleistet werden.

Herbert A. Simon konstatiert in den Sozialwissenschaften akute Schizophrenie bei der Behandlung der Rationalität.[305] Auf der einen Seite „schreiben die Ökonomen dem homo oeconomicus eine widersinnige allwissende Rationalität zu“,[306] mit der er jegliche Art von Wahrscheinlichkeitsberechnungen und noch so komplexen Analysen durchführen kann, um so anhand seines transparenten und vollständigen Präferenzsystems zu bestimmen, welche Alternativen für ihn die günstigsten sind. Auf der anderen Seite steht das theoretische Modell des *homo organisans*. Dieser entscheidet und handelt, im Gegensatz zum homo oeconomicus, aufgrund mangelnden Verstands nicht nach den Grundsätzen des Nutzenmaximierungsprinzips, sondern gibt sich mit für ihn befriedigenden Lösungen

300 *Siehe hierzu Studien in Gigerenzer (2007), S. 159ff. und S. 91ff.; Gröschner, C./Raab, M. (2006); siehe auch die Ergebnisse und Analysen in: Gigerenzer, G./Todd, P. M./ABC Research Group (Hrsg.) (1999); Katsikopouplos, K./Martignon, L. (2006); Martignon, L./Hoffrage, U. (2002); Hogarth, R. M./Karelaia, N. (2005a, 2005b, 2006).*

301 *Vgl. Kapitel 2.2.1.*

302 *Die Bayes-Regel ist eine der ältesten Entscheidungsregeln für Risikosituationen. Sie besagt, dass diejenige Handlungsalternative gewählt werden muss, deren mathematischer Erwartungswert am größten ist. Dieser wird durch die Multiplikation der Umweltzustände mit ihrer Eintreffwahrscheinlichkeit errechnet. Vgl. Wöhe, Günter (2000), S. 163 und Jung, Hans (2007), S. 335.*

303 *McGinley stellt fest, dass auch in wirtschaftlichen stabilen Zeiten, computergestützte Prognosen oft nicht besonders zuverlässig waren: Vgl. McGinley, Laurie (1983).*

304 *Vgl. Gigerenzer, Gerd (2007), S. 95 und 162f.*

305 *Vgl. Simon, Herbert A. (1981), S. 29.*

306 *Simon, Herbert A. (1981), S. 29.*

zufrieden.[307] Einen wesentlichen Unterschied zwischen dem homo oeconomicus und dem homo organisans beschreibt Simon wie folgt:

„Der homo oeconomicus befasst sich mit der „realen Welt" in ihrer ganzen Komplexität. Der homo organisans erkennt, dass die Welt, die er wahrnimmt, ein drastisch vereinfachtes Modell des summenden, blühenden Durcheinanders ist, das die reale Welt darstellt. … Bei seinen Entscheidungen verwendet er ein einfaches Bild der Situation, das nur einige der Faktoren berücksichtigt, die er als die relevantesten und kritischsten betrachtet."[308]

Angesichts dieser Leitgedanken wendet sich Simon vom homo oeconomicus ab und entwickelt seine Theorie der begrenzten Rationalität[309] (*bounded rationality*), die als Basis des ihm im Jahre 1978 verliehenen Wirtschaftsnobelpreises gilt. Nach dieser Konzeption der Entscheidungsfindung handelt auch der Controller nicht rein rational. Jede Handlung des Controllers ist eine Mischung rationaler und irrationaler Elemente.[310] Werden beide Potentiale optimal aufeinander abgestimmt – z. B. das Überprüfen intuitiver Gedanken durch rationale Methoden – kann das Zusammenwirken von Intuition und Rationalität einen Mehrwert für das Controlling und damit für das gesamte Unternehmen bedeuten.

Wird nach dem rationalitätssicherungsorientierten Ansatz die Kernaufgabe des Controlling darin gesehen, ausschließlich die Rationalität der Führungsentscheidungen und -urteile zu sichern, wird mit den oben angestellten Überlegungen die Zweckmäßigkeit dieser Controlling-Konzeption in Frage gestellt. Eine Entscheidung kann weder rein rationalen noch rein intuitiven Charakter aufweisen. Somit ist neben der Rationalitätssicherung auch die Intuitionssicherung der Führungsspitze eine Kernaufgabe des Controlling. Zwar deuten Weber und Schäffer auf die Notwendigkeit der Intuition im Management hin und deren Sicherung durch das Controlling, doch messen sie ihr im Willensbildungsprozess lediglich eine untergeordnete Rolle bei, indem sie einen Einsatz der Intuition lediglich bei begrenztem und/oder nicht explizierbarem Wissen sehen.[311]

307 *Vgl. Simon, Herbert A. (1981), S. 29ff.*

308 *Simon, Herbert A. (1981), S. 31.*

309 *Mit dieser Theorie zeigt er auf, dass ein rein rationales Verhalten unmöglich ist: Siehe hierzu Simon, Herbert A. (1955) und Simon, Herbert A. (1982).*

310 *Intuition verfügt über rationale und irrationale Attribute. Es ist auch nicht entscheidend, ob Inuition den Gesetzen der Logik folgt. (vgl. Gigerenzer, Gerd (2007), S. 103ff.). Folgendes Beispiel bestätigt dies: Den Gesetzen der Logik zufolge müssten die Resultate der Gleichungen „A gleich B" und „B gleich A" gleich sein; Fall 1: Lara war im Krankenhaus und Lara brach sich ein Bein. Fall 2: Lara brach sich ein Bein und war im Krankenhaus. Im Fall 1 würde man annehmen, dass Lara sich das Bein im Krankenhaus brach, während im Fall 2 sich Lara das Bein bereits vor dem Krankenhausbesuch gebrochen hatte. Wäre Intuition immer logisch, dürfte man zwischen Fall 1 und Fall 2 keinen Unterschied wahrnehmen. (vgl. Gigerenzer, Gerd (2007), S. 107f.).*

311 *Siehe hierzu: Der rationalitätssicherungsorientierte Ansatz nach Weber in Kapitel 2.3.4 und Weber, J./ Schäffer, U. (1999a).*

In diesem Buch soll aufgezeigt werden, dass die nachhaltige Erfüllung des Ergiebigkeitsprinzips durch die konsequente Ausrichtung aller strukturierenden Maßnahmen auf die Rationalitäts- und Intuitionssicherung mit einem ausgewogenen Mix aus rationalen und intuitiven Methoden am besten gesichert werden kann. Entscheidend dabei ist das Austarieren eines optimalen Mischungsverhältnisses zwischen Rationalität und Intuition und das Aufspüren der Aufgaben, die mit Hilfe der Intuition besser oder am Besten bewältigt werden könnten.

3.3.3 Herausforderungen und Perspektiven angewandter Intuition

Die Herausforderung besteht zunächst darin, das thematische, konzeptionelle und methodische Spektrum der Intuition auch im Controlling zu integrieren. Eine allgemeine Akzeptanz ist die unumgängliche Voraussetzung für Weiterentwicklungen und Anwendungen der Intuition innerhalb der Wirtschaftswissenschaften.

Das Aufgabenbündel im Controlling ist nicht langfristig fixiert. Das charakteristische Merkmal des Controllers, die Führungsspitze zu unterstützen, zwingt ihn, sich an ändernde Anforderungen des Managements anzupassen. Daneben stellen der steigende Zeitdruck und die zunehmende Komplexität und Fülle an Informationen den Controller vor neue Probleme. Die Bewahrung festgefahrener Strukturen und Methoden im Controlling kann keine adäquate Antwort auf solche Tendenzen sein. Vielmehr muss man die Intuition mit ihren Problemen und Konflikten als eine Herausforderung begreifen und nach konstruktiven Lösungsansätzen suchen, die im Tätigkeitsfeld des Controllers umzusetzen sind.

Im Controlling werden jeden Tag unzählige Entscheidungen getroffen. Größtenteils müssen diese nachvollziehbar begründet sein oder vor dem Management argumentativ gerechtfertigt werden. Wilson und Schooler haben nachgewiesen, dass durch das Analysieren von Präferenzen oder Evaluieren aller Attribute im Entscheidungsfall die Entscheidungsqualität sinken kann.[312] Diese Erkenntnis sollte auch im Controlling Anklang finden. Dem Controller sollte vor dem Hintergrund einer konsistenten Sicherstellung intuitiv-rationaler Führung die Entscheidungsfreiheit gegeben werden, die er für ein optimales Nutzen seiner Intuition benötigt.

Als hemmend für ein intuitives Handeln können neben emotionaler Spannung (z. B. Stress, Angst, Verwirrung) und Unausgeglichenheit auch die Standardisierung[313] und eine vollkommen transparente Strukturierung einer Aufgabe gesehen werden. Ist die

[312] *Wilson, T. D./Schooler, J. W. (1991).*
[313] *Ein typisches Beispiel hierzu ist der Standardbericht.*

Aufgabendurchführung bis ins kleinste Detail konkretisiert, bleibt kein Raum für ein intuitives Wirken. Ist der Controller gezwungen, unter instabilen Rahmenbedingungen eine schwierige und dynamische Aufgabe zu bewältigen, die in ihrem Problemlösungsprozess kaum vorhersagbar ist, hat die Intuition bessere Chancen zur Anwendung zu kommen. Die Standardisierung komplexer Aufgaben ist mit enormen Kosten verbunden, so dass meist auf die Selbstabstimmung zurückgegriffen werden muss.[314] Dadurch entsteht Spielraum für ein intuitives Agieren des Controllers.

Klein sieht im Arbeitsplatzwechsel eine Gefahr für die Entwicklung von Fach- und Spezialwissen, das die Grundlage der Intuition bildet.[315] Der Trend des Arbeitsplatzwechsels wird durch das steigende Anforderungsprofil an den Controller verstärkt. Die Zuordnung neuer Aufgaben, wie z. B. Kenntnisse in der externen Rechnungslegung IFRS,[316] fordert vom Controller Erfahrungen in anderen Bereichen und Abteilungen zu machen, die ihm zur Bewältigung dieser Aufgaben nützlich sind. Diese steigende Fluktuation führt zu einer deutlichen Heterogenität des Wissens und beeinflusst die Entstehung einer ausgereiften Intuition.

Als eine der schwierigsten Barrieren, die die Intuition im Controlling zu überwinden hat, ist die dort herrschende Unternehmenskultur.[317] Sie legt fest, in welchen Bereichen und welcher Ausprägung Intuition im Unternehmen Einzug findet. Dabei trifft Intuition in den Bereichen wie Puplic Relations oder Marketing landläufig schneller auf praktische Relevanz als im Controlling. Betrachtet man die in diesem Buch zuvor angestellten Überlegungen, kann diese Auffassung nicht geteilt werden.

Überall in der Gesellschaft ist die Informationstechnologie auf dem Vormarsch. Die Auswirkungen der Informations- und Kommunikationstechnologien auf die Organisation des Controlling sind beträchtlich. Mit unterschiedlichen, hochkomplexen und intransparenten Informationsverarbeitungssystemen wird eine weitgehende Automatisierung der Abläufe erreicht. Klein sieht dadurch die Gefahr einer „Mutierung“ der „operators to clerks responsible for feeding data into the systems“.[318]

Im Zusammenhang mit der Anwendung von Intuition entstehen nach Klein durch das Aufstreben der Informationstechnologien drei Bedrohungen:[319]

1. Unterdrückung des Expertenwissens von Leuten, die bereits viel Erfahrung sammeln konnten.

[314] *Vgl. Jost, Peter-Jürgen (2009), S. 425.*
[315] *Vgl. Klein, Gary (2003b), S. 23.*
[316] *Vgl. Hauser, Martin (2008), S. 6.*
[317] *Clifford und Cavanagh haben die für eine veränderungsfreundliche Unternehmenskultur relevanten Aspekte plausibel dargestellt: Vgl. Clifford, D. K./Cavanagh, R. E. (1986).*
[318] *Klein, Gary (2003b), S. 24.*
[319] *Vgl. Klein, Gary (2003b), S. 249.*

2. Verlangsamung der Lerngeschwindigkeit, sodass es sehr viel länger dauert, bis Intuition entwickelt und Expertenwissen aufgebaut werden kann.
3. Vermittlung nicht zweckdienlicher Kenntnisse, die die Fähigkeit, Intuition und Expertenwissen zu bilden, behindern.

Diese verschiedenen Tendenzen sind bedeutende Determinanten der Rollenstellung der Intuition im Controlling. Es stellt sich die Frage, warum diese Hemmnisse der Intuition derart bedingungslos akzeptiert werden. Eine mögliche Antwort könnte die Unwissenheit über Funktion, Abläufe und Entwicklung der Intuition liefern. In diesem Sinne möchten wir uns den Bedenken von Klein anschließen: „I don't mind that computers are getting smarter than us because they are growing in intelligence. I do mind that they are getting smarter than us by making us stupid. And that's what can happen. That's the trend we have to resist."[320]

3.3.4 Fazit

Im Entscheidungsfindungsprozess wirken sowohl die Rationalität als auch die Intuition. In Anbetracht dieses Zusammenspiels scheint eine einseitige Rationalitätsorientierung als überholt. Controller haben die Aufgabe das Management zum intuitiven und rationalen Handeln anzuhalten. Diese Verknüpfung beider Entscheidungsmerkmale muss sich auch im Controlling manifestieren. Intuition und Rationalität sind in der praktischen Anwendung nicht voneinander zu trennen. Im Hinblick auf die Gesamtzielerreichung, Rationalitäts- und Intuitionssicherungsfunktion der Führungsspitze, begründet dies die Notwendigkeit eines intuitiven Denkens – des *intuitiven Ansatzes* – im Controlling.

Es könnte der Eindruck entstehen, dass wir mit dem *intuitiven Ansatz* die bisher unbeirrt für den Königsweg gehaltene Logik der Rationalität durch die Intuition ersetzen wollen. Doch dies ist nicht der Fall. Vielmehr stellen wir mit diesem Ansatz dem Controller zu seiner analytisch rationalen Denkweise, die Hilfe und Möglichkeiten der Intuition zur Seite. Statt einer gesamtkonzeptionellen oder integrativen Betrachtungsweise weist der *intuitive Ansatz* eine überlagernde Systematik auf und erbringt zugleich einen Beitrag zur besseren theoretischen Fundierung von Entscheidungen. Er durchdringt alle bisherigen Ansätze unter dem Aspekt, die Intuition als funktionales Hilfsmittel effizienter Controllingprozesse zu sehen.

[320] *Klein, Gary (2003b), S. 269.*

Intuition in der Praxis des Controllers

Intuitives Controlling

4.

Thematisch befasst sich dieses Kapitel mit der Entwicklung und Implementierung intuitiver Werkzeuge im Controlling. Dabei liegt der Fokus auf der Ausarbeitung wesentlicher Anforderungen, die als Grundrichtung weiterer Ausarbeitungen verstanden werden sollen. Im zweiten Abschnitt wird ein erster Versuch unternommen, Ansätze eines intuitiven Werkzeugs zu entwickeln.

Die diesem Buch zugrundeliegende Zielsetzung besteht in der Einführung eines intuitiven Bestandteils in das heutige Controllingverständnis. Die Autoren möchten deshalb dieses Kapitel bewusst kompakt halten und als Sensibilisierung praktischer Anwendungen verstanden wissen. Dies spannt den Rahmen für folgende Publikationen auf, die mit detaillierten und durchdachten Konzepten und Darstellungen ein konkretes Bild von intuitiven Instrumenten liefern werden.

4.1 Vorüberlegungen zu den Anforderungen intuitiver Werkzeuge

Bislang liegt weder im Schrifttum noch aus empirischen Untersuchungen ein praktikables, überzeugendes Instrument bzw. Verfahren zur Anwendung der Intuition im Controlling vor. In den folgenden Kapiteln wird hierzu schrittweise ein richtungweisender Rahmen für zukünftige Konzeptionen und Darstellungen intuitiver Werkzeuge entwickelt.

4.1.1 Methodische Anforderungen

Obwohl anzunehmen ist, dass die methodischen Anforderungen für intuitive Werkzeuge äußerst facettenreich sind und deswegen die Entwicklung eines Anforderungskatalogs eine nicht minder schwere Herausforderung darstellt, wird aus den folgenden Ausführungen ein erster Lösungsvorschlag hervorgehen.

In der Betriebswirtschaftslehre herrscht die Meinung vor, nur das steuern zu können, „was man kennt und was gemessen (oder zumindest klassifiziert) werden kann."[321] Intuition ist eine Fertigkeit, bei der die Messbarkeit an ihre Grenzen stößt. Allein das Identifizieren intuitiver Handlungen erscheint nicht einfach. Dennoch müssen Möglichkeiten gefunden werden, intuitive Handlungen zu evaluieren. Nur dadurch ist es möglich, deren Qualität festzustellen und gegebenenfalls Korrekturmaßnahmen einzuleiten. Eine

[321] *Ziegenbein, Klaus (2002), S.24.*

Option zur Bewertung der Intuition stellt ein intuitives Tagebuch dar.[322] In diesem Tagebuch werden alle intuitiven Aktionen aufgeschrieben und können somit ex post, durch Vergleich mit der Realität, auf deren Qualität überprüft werden. Durch die Strukturierung der Aufgaben kann der Intuition mehr oder weniger Spielraum eingeräumt und damit die Dimension intuitiver Auswüchse gesteuert werden. Dennoch bleibt die Steuerung der Intuition ex ante weiterhin eine Herausforderung.

Alle Erkenntnisse, die nicht durch analytische Methoden gewonnenen wurden, als Resultat intuitiver Vorgänge zu sehen, ist zu arglos. Wie bereits erwähnt, können neben Intuition auch andere Kräfte (wie z. B. Angst, Stress, Unsicherheit etc.) zu Entscheidungen führen, die aber dann oft fälschlicherweise der Intuition zugerechnet werden. Diese notwendige Identifikation von Intuition stellt eine der wichtigsten Anforderungen an zukünftige intuitive Werkzeuge dar.

Inwiefern es überhaupt möglich ist, „rein" intuitiv zu entscheiden, ist fraglich, da wohl zu jeder Zeit verschiedene Gemütszustände und andere Rahmenbedingungen Auswirkungen auf die Intuition haben werden. Um sicherzustellen, dass bei einem intuitiven Instrument die Intuition in möglichst „reiner" Form zur Entfaltung kommt, ist das Werkzeug so zu konzipieren, dass die Intuition aus dem melting pot der verschieden wirkenden Kräfte extrahiert wirken kann. Intuition fungiert sozusagen als Hauptbedingung eines intuitiven Instruments. Kann eine Methode oder ein Instrument gleiche oder zumindest annähernd gleiche Bedingungen fordern, führt dies dauerhaft zu ähnlichen bzw. gleichen Resultaten und deutet auf eine gewisse Zuverlässigkeit der Methode oder des Instruments hin. Einschränkend ist hier anzumerken, dass die Zuverlässigkeit gewöhnlich in graduell abgestufter Form vorliegt,[323] wodurch nur eine eingeschränkte Zuverlässigkeit bestehen kann.

Die Entwicklung von intuitiven Instrumenten darf nicht losgelöst von bereits etablierten, meist analytischen Instrumenten angegangen werden. Vorzugsweise werden in der Praxis Instrumente implementiert, die kompatibel zu den bereits bestehenden sind. Es macht wenig Sinn, ein Instrument zu entwerfen, das bei Einbettung in das bereits existierende Controllinginstrumentarium zu thematischen Redundanzen oder anderen Divergenzen führt. Die Kompatibilität ist eine entscheidende praxisbezogene Anforderung an zukünftige intuitive Instrumente und Methoden.

Im Zuge permanenter organisationaler und aufgabenbezogener Veränderungsprozesse stellt sich die Flexibilität eines Instruments als wichtige Determinante heraus. Besteht die Möglichkeit, sich mit einem Instrument schnell und unkompliziert auf sich ändernde Gegebenheiten einzustellen und durch Mutation des Instruments diese adäquat zu berück-

[322] *Vgl. Contino, Richard M. (1997), S. 170. Argor beschreibt mit dem Konzept des "Ideen-Buches" das gleiche Grundprinzip: Vgl. Agor, Weston H. (1989), S. 129.*

[323] *Vgl. Stier, Winfried (1999), S. 51.*

sichtigen, kann dies die Akzeptanz und Anerkennung erhöhen. Abseits dieses positiven Effekts trägt die Nutzung weniger, flexibler Instrumente gegenüber vielen dogmatischen Instrumenten zur Kostenreduzierung bei.

Die Wirksamkeit und Wirkungsrichtung eines intuitiven Instruments ist solange nicht eindeutig, bis konkrete Ziele für das Instrument gesetzt worden sind. Um die Entwicklungsrichtung des Instruments nicht im Stadium der Unsicherheit zu belassen, ist es ratsam, von Anfang an die Prioritäten und Ziele, die man mit diesem Instrument verfolgt, zu fixieren. Dies hilft auch bei dem ungewohnten Umgang des intangiblen Charakters der Intuition.

Als weitere methodische Anforderung schlagen die Autoren den normativen Aspekt der fachlichen Relevanz vor. Wird das Instrument in der Praxis des Controllers wenig oder überhaupt nicht eingesetzt und bringt es dem Controller wenig oder überhaupt keinen Mehrwert, zeugt es von geringer Bedeutung im Controller-Alltag. Es ist zweckmäßig, vor der Konzeption eines Instruments, Überlegungen über dessen Bedeutung und Notwendigkeit in der Praxis anzustellen und diese konsequent an den Bedürfnissen des Controllers auszurichten.

Nicht zuletzt ist die Verständlichkeit eine der wichtigsten Vorraussetzungen für das Gelingen eines effektiven intuitiven Instruments und sollte deshalb von besonderer Bedeutung sein. Dieser zuletzt aufgeführte Gedanke umfasst neben der inhaltlichen auch die sprachliche Verständlichkeit des Instruments. Für die meisten Controller ist ein intuitives Instrument ein Vorstoß in eine neue Dimension der Unternehmenssteuerung. Dementsprechend sollten die Handhabung des Instruments und die Interpretation von dessen Ergebnissen möglichst trivial sein, um keine demoralisierende Wirkung auf den Controller zu haben. Nachfolgend eine grafische Übersicht spezifischer methodischer Anforderungen:

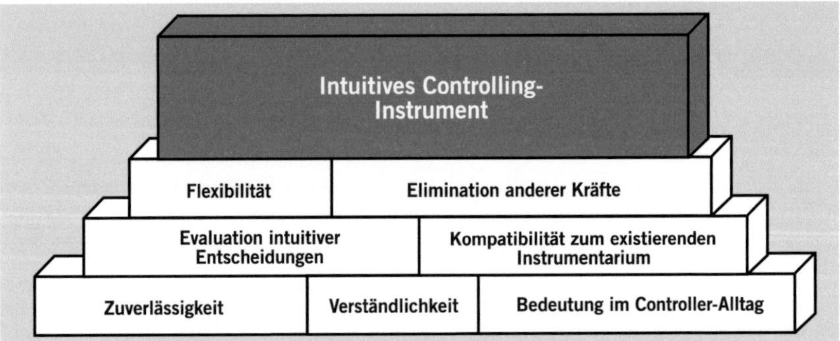

Quelle: Eigene Darstellung.

Abb. 23: Methodische Anforderungen an intuitive Controlling-Instrumente

4.1.2 Anforderungen an die prozessuale Integration

Die Integration von intuitiven Instrumenten in bereits bestehende Anwendungen des Controllers wirft die Frage auf, ob organisations- und personenimmanente Hindernisse die Integration der Instrumente erschweren oder gar verhindern können. Hierzu werden Überlegungen zu notwendigen Anforderungen bei der prozessualen Integration angestellt. Allerdings ist aufgrund der Vielgestaltigkeit der Instrumente eine große Heterogenität der Anforderungen zu konstatieren. Die folgenden Ausführungen reflektieren nur einen Ausschnitt dieser Vielfalt und weisen entsprechend auf die Notwendigkeit und Möglichkeit für ihren Ausbau hin.

Maßgebend für eine erfolgreiche Implementierung eines Instruments ist die Zuordnung eines Verantwortlichen. Ist im Controlling genau definiert, wer die Verantwortung für das jeweilige intuitive Instrument trägt, kann das Instrument nicht im falschen Kontext verwendet werden. Ferner stellen intuitive Instrumente unterschiedlichste Anforderungen an die Kenntnisse, Fähigkeiten, fachlichen und persönlichen Erfahrungen des Controllers. Möglicherweise kann somit nicht jedes intuitive Instrument von jedem Controller genutzt werden. Schon allein die Annahme, dass Intuition auf (beruflicher) Erfahrung fußt, gibt hierzu eine erste Restriktion. Bei der Institutionalisierung sind somit auch die Anforderungen und Komplexität des Instruments zu berücksichtigen.

Sind einmal die Verantwortlichen benannt, gilt es, sich den Problemen der Implementierung zu stellen. Wie im vorherigen Kapitel bereits angeführt, ist die Einbettung in das bisherige Controlling-Instrumentarium eine große Herausforderung. Daneben ist sicherzustellen, dass das Instrument grundsätzlich in der Lage ist, Hinweise für die Steuerung oder Optimierung der Controlling-Prozesse zu liefern. In einem zweiten Schritt muss gewährleistet werden, dass die gewonnen Erkenntnisse zweckmäßige Handlungen bewirken, um dadurch einen Nutzen stiften zu können. Das Instrument muss also verhaltenssteuernd wirken. Werden durch die Nutzung des Instruments Informationen gewonnen, die jedoch, bedingt durch verschiedene Einschränkungen (z. B. organisatorische Hemmnisse), aufgrund von Inakzeptanz oder schlichter Bequemlichkeit nicht verwertet werden, ist das Kosten-Nutzen-Verhältnis negativ zu bewerten.

Eine weitere Grundanforderung stellt die leichte Anwendbarkeit des Instruments oder der Methode dar. Wird das Instrument so ausgestaltet, dass Einführung und Erklärung für die Anwendung des Instruments ohne großen Aufwand auskommen, steigert das die Akzeptanz und die positive Einstellung des Controllers zum Instrument. Es ist davon auszugehen, dass Controller bislang wenig bis überhaupt keine Erfahrungen mit dem bewussten Umgang von Intuitionen im beruflichen Alltag haben. Dementsprechend muss das Instrument verständlich sein und in seiner Handhabung bzw. Bedienung klare und unmissverständliche Strukturen aufweisen. Damit wird gewährleistet, dass die durch das Instrument ermittelten Informationen ergebniszielorientiert eingesetzt werden können.[324]

Eine erfolgreiche Implementierung und Beständigkeit eines Instruments unterstellt die Akzeptanz beider Akteure, die des Controllers und die des Managements. Die Akzeptanz der Controller ist die Voraussetzung dafür, dass die aus den intuitiven Instrumenten reaktiven Maßnahmen akzeptiert werden. Gerade die Intransparenz der Funktionsweise intuitiver Instrumente, das Intangibile der Intuition oder das Missen rationaler Begründungen könnte sich als größtes Hemmnis einer effektiven Einführung herausstellen. Dem entgegenwirkend muss jede erdenkliche Anstrengung unternommen werden, um aufkommende Fragen zu beantworten, Unklarheiten zu beseitigen und eventuelle Zweifel im Keim zu ersticken. Zielführend ist in diesem Zusammenhang auch die Unterstützung und Akzeptanz des Managements. Steht das Management hinter einem derartigen Instrument, lässt sich auch eher das Controlling überzeugen. Dieser zuletzt angeführte Gedanke richtet sich vor allem auf den Verzicht des Managements, zu jedem Handeln des Controllers eine rationale Begründung zu erwarten. Das Management ist der „Leitwolf" einer Unternehmung. Begrüßt er intuitive Handlungen, ist das der Nährboden für weitere Entwicklungen intuitiver Handlungsmuster im Controlling.

4.1.3 Fazit

Diese Fragestellung nach einem allgemeingültigen Anforderungskatalog an intuitive Instrumente kann nicht pauschal beantwortet werden, sondern verlangt eine detaillierte Beschreibung des bestehenden Organisationsprozesses der jeweiligen Unternehmung. Das mögliche Anwendungsspektrum ist breit gefächert und wird thematisch und organisatorisch differenziert zur Anwendung gebracht. Es reicht dabei von entscheidungsunterstützenden Instrumenten über Kreativitäshilfen bis hin zu kommunikationsorientierten Anwendungen. Daraus gehen unterschiedlichste Anforderungen an die Instrumente und Methoden hervor. Die Implementierung eines intuitiven Werkzeugs hat ferner dem Wirtschaftlichkeitspostulat zu folgen. So sind die Aufwendungen für Einführung und fortwährende Nutzung der Instrumente dem Nutzen gegenüberzustellen.

[324] *Vgl. Stier, Winfried (1999), S. 30.*

4.2 Die Gefühlsampel

Wie in Kapitel 4.1 angeführt, ist eine wesentliche Anforderung die pragmatische Operationalisierung des intuitiven Instruments. Für den Nutzer muss eine praktikable Anwendbarkeit bestehen, um einerseits der Funktion Rechnung tragen zu können und andererseits günstige Ausgangsbedingungen für eine weitere Verbreitung und Anwendung in der Unternehmenspraxis zu schaffen. Im weiteren Verlauf dieses Kapitels werden erste Überlegungen zu einem intuitiven Instrument – der *Gefühlsampel* – angestellt, die aus diversen Gründen lediglich als erste Annäherung zur praktischen Anwendung gesehen werden soll. Auf diese den Sachverhalt verkürzende Etikettierung wurde bereits in den vorhergehenden Kapiteln hingewiesen.

Nach einer Studie, die 124 Unternehmen umfasst, nehmen Mitarbeiter deutscher Unternehmen in der Woche durchschnittlich an vier Meetings teil und verbringen damit eineinhalb Arbeitstage pro Woche in Sitzungen.[325] Vor diesem Hintergrund scheint es sinnvoll, ein Meeting effektiv und effizient zu gestalten. Neben den aus Schulungen zur Sitzungsmoderation erlernten Fähigkeiten kann auch die Intuition des Controllers zum erfolgreichen Gelingen eines Meetings beitragen.

Die *Gefühlsampel* könnte als eine triviale Vorbereitung auf ein Meeting genutzt werden. Dabei wird anhand der Intuition – dem Bauchgefühl – die eigene Einstellung zum Meeting vor Augen geführt. Werden der Verlauf oder das Ergebnis des Meetings als problembehaftet eingeschätzt, würde das einer auf gelb geschalteten Gefühlsampel gleichen. Ist von einem mangelhaften Ergebnis oder erheblichen Problemen im Verlauf des Meetings auszugehen, signalisiert die *Gefühlsampel* die Farbe rot. Einen unproblematischen Verlauf bzw. eine zuversichtliche Einstellung zum Meeting würde die Farbe grün symbolisieren. Nachdem das erste Gefühl feststeht, können die zwei oder drei größten Probleme intuitiv identifiziert werden.[326] Anschließend besteht die Möglichkeit, mit rationalen Methoden die Intuitionen zu untersuchen, wobei man sich bewusst sein sollte, dass eine solche Überprüfung die Intuition verzerren könnte. In diesem Zusammenhang könnten rationale Methoden dafür „missbraucht" werden, die durch Intuition aufkommenden Bedenken zu eliminieren und somit zu missachten. Sobald mögliche Probleme im Meeting erkannt worden sind, kann darauf mit der Ergreifung von Gegenmaßnahmen, adäquat reagiert werden.

[325] *Vgl. FUTUREtec (1999), S. 10.*

[326] *Die Strategie, nur zwei oder drei mögliche Probleme in Betracht zu ziehen, stützt sich auf die Erkenntnisse der Take-The-Best-Heuristik in Kapitel 2.2.1.*

Die Idee der *Gefühlsampel* ist nicht ausschließlich in einer Anwendung auf Meetings beschränkt, sondern auch auf andere Aufgabenbereiche des Controlling übertragbar. Geht man noch einen Schritt weiter, so könnte man behaupten, dass durch ein derartiges Instrument eventuell den Entwicklungen im Finanzbereich hätte entgegengewirkt werden können. Im Hinblick auf den Erwerb von Finanzprodukten einer bayerischen Großbank, bei denen eine enorm hohe Rendite einem Produkt mit intransparenten Inhalt gegenüberstand, scheint es unglaubwürdig, dass hierbei kein schlechtes „Bauchgefühl" einher ging.

Bei der *Gefühlsampel* handelt es sich also um eine Vorgehensweise, mit der potentielle Risiken identifiziert, bewertet und darauf aufbauend entsprechende Maßnahmen zur Minderung bzw. Vermeidung ergriffen werden können. Zudem werden die eigenen Sinne für nicht (sofort) rational begründbare Probleme geschärft und die Entwicklung einer gesunden kritischen Sichtweise des Controllers vorangetrieben. Fernziel für die Nutzung des Instruments ist die detaillierte Konzipierung und der routinemäßige Einsatz zur kontinuierlichen Unterstützung der Controlling-Prozesse.

Zusammenfassung und Ausblick

5.

Während andere Disziplinen, wie die Philosophie und Psychologie, sich bereits über Jahrzehnte hinweg intensiv mit der Intuition und ihrer Funktionsweise beschäftigt haben, wird die Intuition in Verbindung mit der Rationalität in der wirtschaftswissenschaftlichen Einordnung als ein eher führungsspezifisches Konstrukt angesehen. In der betriebswirtschaftlichen Teildisziplin Controlling wurde die Intuition bislang noch nicht honoriert.

Neue wirtschaftliche Rahmenbedingungen und die daraus resultierende Veränderung der Anforderungen an den Controller zwingen das Controlling, für das Bewerkstelligen des Aufgabenbündels neue Lösungsansätze in Betracht zu ziehen. Für die vorliegende Problemstellung ist die Weiterentwicklung von anerkannten Konzeptionen im Rahmen praxisorientierter Anwendungen von geringem Gewinn. Der neue *intuitive Ansatz* bezieht einen Großteil seiner Fragestellungen nämlich nicht zuletzt aus aktuellen Entwicklungen der Praxis. Er gibt dem Controller eine neue Perspektive, in einer schnelllebigen Geschäftswelt, steigender Informationsflut und zunehmender Kapazitätsengpässe ökonomischer zu handeln. Die Praxisevidenz der Problemstellung ist unübersehbar. Betrachtet man, dass das Controlling schon heute äußerst komplexe Situationen vorfindet und Entscheidungen gefällt werden müssen, obgleich nur unvollständige Daten vorliegen, zeigen sich manche analytische Methoden als zu langwierig und gar veraltet, um adäquat reagieren zu können. Um die Reaktions-, Antizipations- und Adaptionsfähigkeit des Unternehmens wahren und verbessern zu können,[327] muss das Controlling neue Wege einschlagen.

Durch die Neugestaltung des Controllingverständnisses sollen Soll-Strukturen entwickelt werden, die unter ökonomischen Gesichtspunkten die geforderten Controllingaufgaben optimal erfüllen.

Einen zentralen Gegenstand des Ansatzes, stellt die aufgabenanalytisch zielorientierte Synthese von Rationalität und Intuition im Controlling zur innovativen Bewältigung neuer und alter Aufgabenkomplexe dar. Dabei dient Intuition auch zur proaktiven Reduzierung kognitiver Beschränkungen. Soll eine Unique Selling Proposition bewahrt bzw. gewonnen werden, wird auch das Controlling in seine Pflicht gerufen. Durch zeitnahe Analysen, Diagnosen und eine konsistente Berichterstattung an die Führungsspitze kann der Controller seinen Beitrag leisten. Entsprechend sollte das Management die Erfahrung des Controllers – reflektierend durch Intuitionen – anerkennen. Gleichzeitig muss die Führung den Controller anhalten, Fähigkeiten und Fertigkeiten zu entwickeln, mit diffusen Informationen umzugehen.

Insgesamt erscheinen weitere Forschungsanstrengungen erforderlich, um das Profil eines zusätzlich nach Art der Aufgabenbewältigung differenzierten Controllingverständnisses zu schärfen. Dabei sollte insbesondere dem praxeologischen Erkenntnisinteresse

[327] *Vgl. Horváth, Péter (2003), S. 149.*

Rechnung getragen werden. Der *intuitive Ansatz* nach Müller und Sauter ist ein erster Schritt in die richtige Richtung. Eine eingehende kritische Auseinandersetzung mit der Rollenstellung der Intuition im Controlling bleibt anderen, folgenden Veröffentlichungen vorbehalten. Dabei ist das Spektrum möglicher Fragestellungen enorm:

- Welche Rolle spielt die Intuition bereits im Controlling?
- Wie kann Intuition im Controlling effektiv und effizient eingegliedert werden, sodass ein Mehrwert für Controlling und Unternehmen entsteht? Bedarf es hierfür grundsätzlicher Veränderungen und Hilfsmittel und wenn ja, welcher?
- Welches Potential hat die Intuition im Controlling?
- Wie lassen sich intuitive und analytische Verfahren kohärent aufeinander abstimmen? Wie würden solche intuitiven und analytischen Aufgabenkompositionen aussehen? Welche Schwierigkeiten ergeben sich daraus?
- Welche Konsequenzen hat die derzeit beobachtbare Inakzeptanz der Intuition im Controlling?
- Welchen Beitrag leistet die Intuition für die Erfüllung der Kernaufgaben des Controlling?

Wie dieser Auflistung unschwer zu entnehmen ist, eröffnen sich der konzeptionellen und empirischen Controllingforschung in den kommenden Jahren etliche Problem–felder.

Mit dem *intuitiven Ansatz* möchten die Autoren keinen allumfassenden Lösungsansatz und keine Generalformel für das Angehen jeglicher Probleme des Controlling geben. Dennoch bietet die Intuition im Controlling noch ungeahnte Möglichkeiten. Die Idee, Intuition in das Controlling zu integrieren, mag manchen Leser mehr als irritiert haben, doch mit diesem Buch sollten entscheidende Gründe dafür aufgezeigt werden, dies doch zu tun. Die Kritik am stark analytisch ausgerichteten Controllingverständnis, mit dem etliche Leser unweigerlich auf Kriegsfuß stehen, sollte als gesunde Skepsis wahrgenommen werden. Etliche Forschungen haben gezeigt, dass ein rein rationales Verhalten nicht möglich ist. Für ihre Erkenntnisse auf diesem Gebiet sind Daniel Kahneman und Vernon L. Smith im Jahr 2002, wie auch Herbert Simon im Jahr 1978 mit dem Wirtschaftsnobelpreis ausgezeichnet worden. In der Entscheidungsfindung des Managements ist Intuition schon ein fester Bestandteil. Auch im Controlling sollte man der Intuition mehr Vertrauen schenken. Denn schon Albert Einstein sagte:

„Nicht alles, was zählt, kann gezählt werden, und nicht alles, was gezählt werden kann, zählt!“[328] „Ich vertraue auf Intuition.“[329]

[328] *Einstein, Albert zitiert nach: Badke-Schaub, P./Frankenberger, E. (2004), S. 177.*
[329] *Einstein, Albert zitiert nach: Pais, Abraham (1998), S. 240.*

Literaturverzeichnis

Adam, Klaus-Uwe (2003): Therapeutisches Arbeiten mit dem Ich, Walter Verlag, Düsseldorf u. a. 2003.

Agor, Weston H. (1990): Intuition in organisations, 2. Auflage, Sage Puplications Verlag, Newbury Park u.a. 1990.

Agor, Weston H. (1989): Intuitives Management, Reihe MIND Band 6, Synchron Verlag, Berlin 1989.

Ahn, Heinz (1999): Ansehen und Verständnis des Controlling in der Betriebswirtschaftslehre, in: Controlling, Band 11 (1999), Heft 3, S. 109-114.

Anthony, Rorbert N. (1965): Planning and Control Systems, Harvard University Verlag, Boston 1965.

Badke-Schaub, P./Frankenberger, E. (2004): Management kritischer Situationen: Produktentwicklung erfolgreich gestalten, Springer Verlag, Berlin u. a. 2004.

Bauer, Joachim (2008): Warum ich fühle, was du fühlst, 9. Auflage, Heyne Verlag, München 2008.

Bazerman, M./Chugh, D. (2006): Decisions without Blinders, in: Harvard Business Review, 84. Jg. (2006), S. 88-97.

Bechtler, Thomas W. (1986): Management und Intuition, in: Bechtler, Thomas W. (Hrsg.): Management und Intuition, Verlag Moderne Industrie, Zürich 1986, S. 19-37.

Berger, Michael M. (2004): Controlling und Wahrnehmung: Ansätze zu einem erweiterten Controlling-Begriff, 1. Auflage, Deutscher Universitätsverlag, Wiesbaden 2004.

Burke, L.A./Miller, M.K. (1999): Taking the mystery out of intuitive decision making, in: The Academy of Management Executive, 13. Jg. (1999), Heft 4, S. 91-99.

Calderwood, R./Klein, G. (1988): Time pressure, skill, and move quality in chess, in: American Journal of Psychology, 101 Jg. (1988), S. 481-493.

Clifford, D. K./Cavanagh, R. E. (1986): The winning performance, Sidgewick & Jackson Verlag, London 1986.

Contino, Richard M. (1997): Intuitive Intelligenz, Signum Verlag, Wien 1997.

Damasio, Antonio (2007): Descartes' Irrtum: Fühlen, Denken und das menschliche Gehirn, 5. Auflage, List Taschenbuch Verlag, Berlin 2007.

Damasio, A./Bechara, A. (2005): The somatic marker hypothesis: A neural theory of economic decision, in: Games and Economic Behaviour, Jg. 52 (2005), Heft 2, S. 336-372.

Damasio, Antonio (2001): Some notes on brain, imagination and creativity, in: Pfenninger, K./Shubik, V./Adolphe, B. (Hrsg.): The origins of creativity, Oxford University Press, Oxford 2001, S. 59-68.

Damasio, A./Bechara, A./Damasio, H./Tranel, D. (1997): Deciding Advantageously Bevor Knowing the Advantageous Strategy, in: Science, Vol. 275 (1997), No. 5304, S. 1293-1295.

Literaturverzeichnis

Deyhle, Albrecht (2003): Controller-Handbuch, Enzyklopädisches Lexikon für die Controller-Praxis, Band 1 ABC-Analyse bis Controlling-Panorama, 5. Auflage, Offenburg 2003.

Doucet, Friedrich (1979): Im Banne des Mythos, Bechtle Verlag, Esslingen 1979.

Dyckhoff, H./Heinz, A. (2001): Sicherstellung der Effektivität und Effizienz der Führung als Kernfunktion des Controlling, in: Kostenrechnungspraxis, 45. Jg. (2001), Heft 2, S. 111-121.

Einstein, Albert (1959): Prinzipien der Forschung – Rede zum 60. Geburtstag von Max Planck, in: Seelig, Carl (Hrsg.): Albert Einstein – Mein Weltbild, Ullstein Taschenbücher Verlag, Frankfurt a. M. 1959, S. 107-110.

Eschenbach, R./Niedermayr, R. (1995): Die Konzeption des Controlling, in: Eschenbach, Rolf (Hrsg.): Controlling, Schäffer-Poeschel Verlag, Stuttgart 1995, S. 49-96.

Franz, Stefan (1989): Controlling und effiziente Unternehmensführung, Theoretische Grundzüge und Überprüfung an einem Praxisbeispiel, Deutscher Universitäts-Verlag, Wiesbaden 1989.

Freud, Sigmund (1969): XXXV Vorlesung – Über eine Weltanschauung, in: Freud, Anna (Hrsg.): Gesammelte Werke, Bd. 15, S. Fischer Verlag, Frankfurt a. M. 1969, S. 170-197.

Freud, Sigmund (1928): Die Zukunft einer Illusion, 2. Auflage, Internationaler Psychoanalytischer Verlag, Leipzig u. a. 1928.

Friedl, Birgit (2003): Controlling, Lucius & Lucius Verlag, Stuttgart 2003.

FUTURETec (1999): Medien für Meetings: eine Minolta-Studie zur Dokumentenlogistik, Minolta Verlag, Langenhagen 1999.

Gigerenzer, Gerd (2007): Bauchentscheidungen, 3. Auflage, Bertelsmann Verlag, München 2007.

Gigerenzer, Gerd (1999): Betting on One Good Reason: The Take The Best Heuristic, in: Gigerenzer, G./Todd, P. M./ABC Research Group (Hrsg.): Simple Heuristics That Make Us Smart, Oxford University Press, New York (1999), S. 75-96.

Gigerenzer, G./Todd, P. M./ABC Research Group (Hrsg.) (1999): Simple Heuristics That Make Us Smart, Oxford University Press, New York 1999.

Gigerenzer, Gerd (1995): Man kann mit weniger Wissen besser sein als mit mehr wissen, in: Psychologie Heute, Bd. 22 (1995), Nr. 12, S. 67-68.

Goldberg, Philip (1988): Die Kraft der Intuition, 1. Auflage, Scherz Verlag, München u. a. 1988.

Goldstein, D. G./Gigerenzer, G. (1999): The Recognition Heuristic: How Ignorance Make Us Smart, in: Gigerenzer, G./Todd, P. M./ABC Research Group (Hrsg.): Simple Heuristics That Make Us Smart, Oxford University Press, New York (1999), S. 37-58.

Goleman, Daniel (1996): Emotionale Intelligenz, Carl Hanser Verlag, München/Wien 1996.

Gröschner, C./Raab, M. (2006): Vorhersagen im Fußball. Deskriptive und normative Aspekte von Vorhersage–modellen im Sport, in: Zeitschrift für Sportpsychologie, 13. Jg. (2006), S. 23-36.

Gutenberg, Erich (1973): Grundlagen der Betriebswirtschaftslehre, 24. Auflage, Springer Verlag, Berlin u.a. 1973.

Hahn, D./Hungenberg, H. (2001): PuK: Planung und Kontrolle, Planungs- und Kontrollsysteme, Planungs- und Kontrollrechnung, 6. Auflage, Gabler Verlag, Wiesbaden 2001.

Hahn, Dietger (1996): PuK: Planung und Kontrolle, Planungs- und Kontrollsysteme, Planungs- und Kontrollrechnung, 5.Auflage, Gabler Verlag, Wiesbaden 1996.

Hahn, Dietger (1995): Aufbau von Plansystemen, in: Corsten, H./Reiß, M. (Hrsg.): Handbuch Unternehmens– führung, Gabler Verlag, Wiesbaden 1995, S. 229-250.

Hahn, D./Hungenberg, H. (1994): Organisation der Planung (I), in: Das Wirtschaftsstudium, Heft 1 (1994), S. 43-48.

Hahn, Dietger (1991): Strategische Führung und Strategisches Controlling, in: Zeitschrift für Betriebswirtschaft, Ergänzungsheft 3 (1991), S. 121-146.

Halberstadt, J./Levine G. L. (1999): Effects of reasons analysis on the accuracy of predicting basketball games, in: Journal of Applied Social Psychology, 29. Jg. (1999), S. 517-530.

Hans, L./Warschburger, V. (1996): Controlling, Oldenbourg Verlag, München 1996.

Hartje, Udo (2002): Funktionales Strukturprinzip der Materie: Eine Untersuchung der freien Strahlung und aus echten Teilchen aufgebauter stofflicher Materie, Technisch-Wissenschaftliches Büro Berlin, Berlin 2002.

Hauser, Martin (2008): Interview mit Prof. Dr. Martin Hauser zu dem Thema „Anforderungen an Controller", in: Controller Magazin, 33. Jg. (2008), Heft 4, S. 4-9.

Harteis, C./Gruber, H. (2008): Intuition and Professional Competence: Intuitive Versus Rational Forecasting of the Stock Market, in: Vocations and Learning: Studies in Vocational and Professional Education, 1. Jg. (2008), Heft 1, S. 71-85.

Harung, Harald S. (1993): More effective decisions through synergy of objective and subjective approaches, in: Management Decision, 31. Jg. (1993), Heft 7, S. 38-45.

Heinen, Edmund (1990): Grundtatbestände betrieblicher Entscheidungen, in: Jacob, Herbert (Hrsg.): Industrie– betriebslehre, Handbuch für Studium und Prüfung, 4. Auflage, Gabler Verlag, Wiesbaden, 319-380.

Heisenberg, Werner (1971): Erinnerungen an Niels Bohr aus den Jahren 1922-1927, in: Heisenberg, Werner (Hrsg.): Schritte über Grenzen. Gesammelte Reden und Aufsätze, Piper Verlag, München 1971, S. 52-70.

Heyse, V./Erpenbeck, J. (2007): Kompetenzmanagement, Waxmann Verlag, Münster 2001.

Hogarth, R. M./Karelaia, N. (2006): Regions of rationality: Maps for bounded agents, in: Decision Analysis, 3. Jg. (2006), S. 124-144.

Hogarth, R. M./Karelaia, N. (2005a): Simple models for multi-attribute choice with many alternatives: When it does or does not pay to the face tradeoffs with binary attributes, in: Management Science, 51. Jg. (2005), S. 1860-1872.

Hogarth, R. M./Karelaia, N. (2005b): Ignoring information in binary choice with continuous variables: When is less more?, in: Journal of Mathematical Psychology, 49. Jg. (2005), S. 115-124.

Hograth, Robin M. (2001): Education Intuition, The University of Chicago Press, Chicago und London 2001.

Literaturverzeichnis

Horváth, Péter (2006): Controlling, 10. Auflage, Vahlen Verlag, München 2003.

Horváth, Péter (2003): Controlling, 9. Auflage, Vahlen Verlag, München 2003.

Horváth, Péter (2002): Controlling, 8. Auflage, Vahlen Verlag, München 2002.

Horváth, Péter (1994): Controlling, 5. Auflage, Vahlen Verlag, München 1994.

Horváth, Péter (1978): Controlling: Entwicklung und Stand einer Konzeption zur Lösung der Adaptions- und Koordinationsprobleme der Führung, in: Zeitschrift für Betriebswirtschaft, 48. Jg. (1978), S. 194-208.

Hunsicker, Qunicy J. (1986): Stärkung der intuitiven Basis von Managemententscheidungen, in: Bechtler, Thomas W. (Hrsg.): Management und Intuition, Verlag Moderne Industrie, Zürich 1986, S. 193-212.

Irrek, Wolfgang (2002): Controlling als Rationalitätssicherung der Führung, in: Kostenrechungspraxis, 46. Jg. (2002), Heft 1, S. 46-51.

Isenberg, Daniel J. (1984): How senior managers think, in: Harvard Business Review, 62. Jg. (1984), Heft 6, S. 81-90.

Jost, Peter-Jürgen (2009): Organisation und Koordination, 2. Auflage, Gabler Verlag, Wiesbaden 2009.

Jung, Carl G. (2008): Typologie, 9. Auflage, Deutscher Taschenbuchverlag, München 2008.

Jung, Hans (2007): Controlling, 2. Auflage, Oldenbourg Verlag, München 2007.

Katsikopouplos, K./Martignon, L. (2006): Naive heuristics for paired comparisons: Some results on their relative accuracy, in: Journal of Mathematical Psychology, 50. Jg. (2006), S. 489ff..

Klein, Gary (2003a): Natürliche Entscheidungsprozesse, Junfermann Verlag, Paderborn 2003.

Klein, Gary (2003b): Intuition at Work, Random House Verlag, New York 2003.

Klein, Gary (1997): The Recognition-Primed Decision (RPD) Model: Looking Back, Looking Forward, in: Zsambok, C./Klein G. (Hrsg.), Naturalistic Decision Making, Lawrence Erlbaum Associates Verlag, Mahawah – New Jersey 1997, S. 285-292.

Klein, Gary (1993): A Recognition-Primed Decision (RPD) Model of Rapid Decision Making, in: Klein, G./ Orasanu, J./Calderwood, R./Zsambok, C. (Hrsg.), Decision making in action: models and methos, Alex Publishing Verlag, Norwood – New Jersey 1993, S. 138-147.

Klein, G./Calderwood, R./Clinton-Cirocco, A. (1986): Rapid decision making on the fire ground, in: Proceedings of the Human Factors Society 30th Annual Meeting, Jg. 1 (1986), S. 567-580.

Kleinmuntz, Benjamin (1990): Why we still use our heads instead of formulas: toward an integrative approach, in: Psychological Bulletin, 107. Jg. (1990), Heft 3, S. 296-310.

Kummert, Börge (2005): Controlling in kleinen und mittleren Unternehmen, 1. Auflage, Gabler Verlag, Wiesbaden 2005.

Küpper, Hans-Ulrich (2008): Controlling, Konzeption, Aufgaben, Instrumente, 5. Auflage, Schäffer-Poeschel Verlag, Stuttgart 2008.

Küpper, Hans-Ulrich (2001): Controlling, Konzeption, Aufgaben, Instrumente, 3. Auflage, Schäffer-Poeschel Verlag, Stuttgart 2001.

Küpper, H.-U./Weber, J. (1995): Grundbegriffe des Controlling, 1. Auflage, Schäffer-Poeschel Verlag, Stuttgart 1995.

Küpper, Hans-Ulrich (1990a): Entwicklungslinien der Kostenrechnung als Controllinginstrument (Teil1), in: Kostenrechnungspraxis, Heft 1 1990, S. 11-16.

Küpper, Hans-Ulrich (1990b): Controller-Anforderungsprofil in der Theorie, in: Mayer, E./Weber, J. (Hrsg.): Handbuch Controlling, Poeschel Verlag, Stuttgart 1990, S. 325-342.

Küpper, H.-U./Weber, J./Zünd, A. (1990): Zum Verständnis und Selbstverständnis des Controlling, in: Zeitschrift für Betriebswirtschaft, 60. Jg. 1990, S. 281-293.

Letmathe, Peter u.a. (2007): Management kleiner und mittlerer Unternehmen: Stand und Perspektiven der KMU-Forschung, Springer Verlag, Berlin 2007.

Luczak, Holger (1998): Arbeitswissenschaft, 2. Auflage, Springer Verlag, Berlin 1998.

Martignon, L./Hoffrage, U. (2002): Fast, frugal and fit: Lexicographic heuristics for paired comparison, in: Theory and Decision, 52. Jg. (2002), S. 29-71.

McGinley, Laurie (1983): Forecasters Overhaul Models of Economy in Wake of 1982 Errors, in: The Wall Street Journal, 17. Februar 1983, S. 1 und 20.

Meier, Helmut (1978): Deutsche Sprachstatistik, 2. Auflage, Georg Olms Verlag, Hildesheim 1978.

Müller, Jochem (2009): Intuitionsmodell, unveröffentlichtes Manuskript, Ansbach 2009.

Müller, J./Rippel, J./Schaefer, J./Schmidt, V./Shuting, K./Shan, L./Laubach, W./Harder, N. (2008): Modell zur Messbarkeit von Kompetenzen: Studienarbeit im Projektseminar Marktforschung, Fachbereich Betriebswirtschaft, Schwerpunkt Marketing, Hochschule Ansbach, Ansbach 2008.

Müller, Wolfgang (1974): Die Koordination von Informationsbedarf und Informationsbeschaffung als zentrale Aufgabe des Controlling, in: Zeitschrift für betriebswirtschaftliche Forschung, 26. Jg. (1974), S. 683-693.

Myers, David G. (2002): Intuition: Ist Powers and Perils, Yahle University Press, New Haven & London 2002.

Nidiaye, Safi (1999): Führung durch Intuition: Die entscheidende Wende im Management, Heyne Verlag, München 1999.

North, K./Reinhardt, K. (2005): Kompetenzmanagement in der Praxis, 1. Auflage, Gabler Verlag, Wiesbaden 2005.

Pais, Abraham (1998): Ich vertraue auf Intuition, Der andere Albert Einstein, Spektrum Akademischer Verlag, Heidelberg u. a. 1998.

Parikh, Jagdish (1994): Intuition: The New Frontier in Management, 1. Auflage, Blackwell Business Verlag, Oxford 1994.

Pfohl, H.-C./Zettelmeyer, B. (1985): Controlling, strategische Planung und strategisches Controlling, Technische Hochschule Darmstadt (ISBN: 3-924 606-01-3), Darmstadt 1985.

Picot, Arnold (1993): Organisationsstrukturen der Wirtschaft und ihre Anforderungen an die Informations- und Kommunikationstechnik, in: Scheer, August-Wilhelm (Hrsg.): Handbuch Informationsmanagement, Gabler Verlag, Wiesbaden 1993.

Rizzolatti, G. et al. (1996): Premotor Cortex and the and the Recognition of Motor Actions, in: Brain Research: Cognitive Brain Research, 3. Jg. (1996), S. 131-141.

Preißler, Peter (1995): Controlling – Lehrbuch und Intensivkurs, 7. Auflage, Oldenbourg Verlag, München 1995.

Prietula, M. J./Simon, H. A. (1989): The experts in your midst, in: Harvard Business Review, 67. Jg. (1989), Heft 1, S. 120-124.

Ray, M./Myers, R. (1990): Practial intuition, in: Agor, Weston H. (Hrsg.): Intuition in organisations, 2. Auflage, Sage Puplications Verlag, Newbury Park u.a. 1990, S. 242-264.

Reichmann, Thomas (2006): Controlling mit Kennzahlen und Management-Tools, Systemgeschützte Controlling-Konzeption, 7. Auflage,Vahlen Verlag, München (2006).

Reichmann, Thomas (2001): Controlling mit Kennzahlen und Managementberichten, 6. Auflage, Vahlen Verlag, München 2001.

Reichmann, Thomas (1996): Management und Controlling, Gleiche Ziele – unterschiedliche Wege und Instrumente, in: Zeitschrift für Betriebsbetriebswirtschaft, 66. Jg. (1996), Heft 5, S. 559-585.

Reichmann, T./Kleinschnittger, U. (1987): Die Controllingfunktion in der Unternehmenspraxis, in: Zeitschrift für Betriebswirtschaft, 57. Jg. (1987), Heft 11, S. 1090-1120.

Rippel, Jürgen (2008): Denken, Fühlen, Empfinden, Intuieren: Ein Orientierungsmodell auf der Basis der vier Ich-Funktionen nach C.G. Jung. unveröffentlichtes Manuskript 2008.

Rowan, Roy (1989): Spitzenleistungen durch intuitives Management, Econ-Taschenbuch-Verlag, Düsseldorf 1989.

Rowan, Roy (1986): The intuitive manager, Little Brown Verlag, Bosten u.a. 1986.

Salovey, P./Mayer, J. D. (1990): Emotional Intelligence, in: Imagination, Cognition und Personality, 9. Jg. (1990), S. 185-211.

Schildbach, Thomas (1992): Begriff und Grundproblem des Controlling aus betriebswirtschaftlicher Sicht, in: Spremann, K./Zur E. (Hrsg.): Controlling, Grundlagen – Informationssysteme – Anwendungen, Gabler Verlag, Wiesbaden 1992, S. 21-47.

Schmale, H./Tietze, B. (1975): Arbeitsanforderungen, in: Gaugler, Eduard (Hrsg.): Handwörterbuch des Personalwesens, Poeschel Verlag, Stuttgart 1975, S. 132-142.

Schmidt, Andreas (1986): Das Controlling als Instrument zur Koordination der Unternehmensführung, Eine Analyse der Koordinationsfunktion des Controlling unter entscheidungsorientierten Gesichtspunkten, Lang Verlag, Frankfurt a. M. 1986.

Schmidt, Rudolf (1995): Grundfunktion des Controlling – Eine Analyse der betriebswirtschaftlichen Literatur zum Stand der aufgabenorientierten Controlling-Diskussion, in: Europäische Hochschulschriften, Bd. 1665, Peter Lang Verlag, Frankfurt a. M. 1995.

Schmidtke, H./Schmale, H. (1961): Arbeitsanforderungen und Berufseignung, Hans Huber Bern und Stuttgart Verlag, Bern 1961.

Schneider, Dieter (1991): Versagen des Controlling durch eine überholte Kostenrechnung, in: Der Betrieb, 44. Jg. (1991), Heft 15, S. 765-772.

Schreyögg, G./Sydow, J. (2001): Emotionen und Management, Band: Managementforschung 11, Gabler Verlag, Wiesbaden 2001

Schroeter, Bernhard (2002): Operatives Controlling: Gestaltungsfelder, Grundlagen und Instrumente, Gabler Verlag, Wiesbaden 2002.

Schweitzer, M./Friedl, B. (1992): Beitrag zu einer umfassenden Controlling-Konzeption, in: Spremann, K./Zur E. (Hrsg.): Controlling, Grundlagen – Informationssysteme – Anwendungen, Gabler Verlag, Wiesbaden 1992, S. 141-167.

Shapiro, S./Spence, M.T. (1997): Managerial Intuition: A Conceptual And Operational Framework, in: Business Horizons, 40. Jg. (1997), Heft 1, S. 63-68.

Simon, Herbert A. (1991): Organizations and Markets, in: Journal of Economic Perspective, Vol. 5, No. 2, S. 25-44.

Simon, Herbert A. (1987): Making management decisions: The role of intuition and emotion, in: The Academy of Management Executive, 1. Jg. (1987), Heft 1, S. 57-64.

Simon, Herbert A. (1982): Models of bounded rationality, Band 1 und 2, The Massachusetts Institute of Techno–logy (MIT) Verlag, Cambridge/Massachusetts 1982.

Simon, Herbert A. (1981): Entscheidungsverhalten in Organisationen: Eine Untersuchung von Entscheidungsprozessen in Management und Verwaltung, deutsche Übersetzung der 3. Auflage, Moderne Industrie Verlag, Landsberg am Lech 1981.

Simon, Herbert A. (1969): The sciences of the artificial, The Massachusetts Institute of Technology (MIT) Verlag, Cambridge/Massachusetts 1969.

Simon, Herbert A. (1967): Models of Man, 5. Auflage, John Wiley & Sons Inc. Verlag, New York 1967.

Simon, Herbert A. (1957): Models of Man, 1. Auflage, John Wiley & Sons Inc. Verlag, New York 1957.

Simon, Herbert A. (1955): A behavioural model of rational choice, in: Quarterly Journal of Economics, 6. Jg. (1955), S. 99-118.

Stier, Winfried (1999): Empirische Forschungsmethoden, 2. Auflage, Springer Verlag, Berlin 1996.

Thom, N./Zaugg Robert J. (2008): Moderne Personalentwicklung, 3. Auflage, Gabler Verlag, Wiedbaden 2008.

Uebele, Herbert (1981): Verbreitungsgrad und Entwicklungsstand des Controlling in deutschen Industrieunter–nehmen, Poeschel Verlag, Stuttgart 1981.

Weber, J./Bültel, D. (1992): Controlling – Ein eigenständiges Aufgabenfeld in den Unternehmen der Bundes–republik Deutschland, in: Die Betrieswirtschaft, 52. Jg. (1992), Heft 4, S. 535-546.

Weber, J./Schäffer, U. (2008): Einführung in das Controlling, 12. Auflage, Schäffer-Poeschel Verlag, Stuttgart 2008.

Weber, J./Hirsch, B./Rambusch, R./Schlüter, H./Sill, F./Spatz, A.C. (2006): Controlling 2006: Stand und Perspektiven, veröffentlicht durch den Internationalen Controller Verein [IVC] und dem Lehrstuhl für Controlling & Telekommunikation der WHU – Otto Beisheim School of Management, Vallendar 2006.

Weber, J./Schäffer, U. (2004): Einführung in das Controlling, 10. Auflage, Schäffer-Poeschel Verlag, Stuttgart 2004.

Weber, J./Schäffer, U. (2000a): Controlling als Koordinationsfunktion?, in: Kostenrechnungspraxis, 44. Jg. (2000), Heft 2, S. 109-117.

Weber, J./Schäffer, U. (2000b): Balanced Scorecard & Controlling, 3. Auflage, Gabler Verlag, Wiesbaden 2000.

Weber, J./Schäffer, U. (1999a): Sicherstellung der Rationalität von Führung als Aufgabe des Controlling?, in: Die Betriebswirtschaft, 59. Jg. (1999), S. 731-747.

Weber, Jürgen (1999b): Einführung in das Controlling, 8. Auflage, Schäffer-Poeschel Verlag, Stuttgart 1999.

Weber, J./Schäffer. U. (1999c): Controlling durch die Nutzung des fruchtbaren Spannungsverhältnisses von Reflexion und Intuition, in: Controller Magazin, Heft 4 (1999), S. 280-285.

Weber, J./Schäffer, U. (1998a): Einführung in das Controlling, 7. Auflage, Schäffer-Poeschel Verlag, Stuttgart 1998.

Weber, J./Schäffer, U. (1998b): Controlling-Entwicklung im Spiegel von Stellenanzeigen 1990-1994, in: Kostenrechnungspraxis, 42. Jg. (1998), Heft 4, S. 227-233.

Weber, Jürgen (1993): Controlling, Informations- und Kommunkationsmanagement – Grundsätzliche begriffliche und konzeptionelle Überlegungen, in: Betriebswirtschaftliche Forschung und Praxis, 45. Jg. (1993), S. 628-649.

Weber, J./Kosmider, A. (1991): Controlling-Entwicklung in der Bundesrepublik Deutschland im Spiegel von Stellenanzeigen, in: Zeitschrift für Betriebswirtschaft Ergänzungsheft 3/91: Controlling, Selbstverständnis – Instrumente – Perspektiven, Heft 3, o. Jg. (1991), S. 17-35.

Wilson, T. D./Lisle, D. J./Schooler, J. W./Hodges, S. D./Klaaren K. J./Lafleur S. J. (1993): Introspecting about reasons can reduce post-choice satisfaction, in: Personality and Social Psychology Bulletin, 19.Jg. (1993), S. 331-339.

Wieland, Johann (2007): Emotionale Kompetenz ist entscheidend für ein exzellentes Controlling!, in: Controlling & Management, 51. Jg. (2007), Heft 4, S. 242-245.

Wilson, Tom D. (2004): Strangers to Ourselves: Discovering the Adaptive Unconscious, Belknap Press of Harvard University Press, Cambridge 2004.

Wilson, T. D./Schooler, J. W. (1991): Thinking too much: Introspecting can reduce the quality of preferences and decisions, in: Journal of Personality and Social Psychology, 60. Jg. (1991), S. 181-192.

Wilson, Tom D. u.a. (1993): Introspecting about reasons can reduce post-choice satisfaction, in: Personality and Social Psychology Bulletin, 19. Jg. (1993), Heft 3, S. 331-339.

Wöhe, Günter (2000): Einführung in die allgemeine Betriebswirtschaftslehre, 20. Auflage, Vahlen Verlag, München 2000.

Zaboura, Nadia (2008): Das empathische Gehirn, 1. Auflage, VS Verlag, Wiesbaden 2008.

Zakay, D./Wooler, S. (1984): Time pressure, training, and decision effectiveness, in: Ergonomics, 27. Jg. (1984), S. 273-284.

Zeuch, Andeas (2004): Training professioneller intuitiver Selbstregulierung, 1. Auflage, Kovac Verlag, Hamburg 2004.

Ziegenbein, Klaus (2002): Controlling, 7. Auflage, Kiehl Verlag, Ludwigshafen (Rhein) 2002.

Ziegenbein, Klaus (1995): Controlling, 5. Auflage, Kiehl Verlag, Ludwigshafen (Rhein) 1995.

Internetquellenverzeichnis

Gigerenzer, G. (Internetquelle – Curriculum Vitae 2008) : Gerd Gigerenzer – Curriculum Vitae, http://mpibweb.mpib-berlin.mpg.de/curriculum_vitae/lang/en/id_name/gigerenzer/index.mpi [01.02.2009].

Powell, Colin (2006), Internetquelle: Die eigentliche Herausforderung ist nicht, eine Entscheidung zu treffen, sondern sie umzusetzen, in: Focus online (2006), Nr.1, S. 28-35, http://www.egonzehnder.de/content/germany/practices/article.php/id/54300009 [01.02.2009].

Hogarth, Robin M. (2008a), Internetquelle: Chicago Booth – Robin M. Hogarth, http://www.chicagoexec.net/chicago.nsf/SBH/2207C46BCC4B337285256C61007534AD?OpenDocument [01.02.2009].

Hogarth, Robin M. (2008b), Internetquelle: Curriculum Vitae – Robin M. Hogarth, http://www.econ.upf.edu/docs/cvs/p2047.pdf [01.02.2009].

Internationaler Controllerverein (2005), Internetquelle: Was ist Controlling? pdf-Datei, http://www.controllerverein.de/Was_ist_Controlling.50.html? [01.02.1009].

Scheer, Robert (2006), Internetquelle: Now Powell Tells Us, http://www.truthdig.com/report/item/20060411_bush_leak_plame_libby_powell/ [01.02.2009].

Shapiro, Stewart (2007), Internetquelle: Curriculum Vita, http://www.lerner.udel.edu/business/faculty/shapiro/2007%20vita.doc [01.02.2009].

Spence, Mark T. (2008), Internetquelle: Curriculum Vita, http://epublications.bond.edu.au/mark_spence/cv.pdf [01.02.2009].

Welt Online (2009), Internetquelle: Notlandung, Flugzeug stürzt in New York in den Hudson River, http://www.welt.de/vermischtes/article3034442/Flugzeug-stuerzt-in-New-York-in-den-Hudson-River.html [01.02.2009]

Stichwortverzeichnis

Stichwortverzeichnis

Jochem Müller ist seit 1999 Professor an der Hochschule Ansbach. Er ist Mitglied des Hochschulrates und Vorsitzender des Prüfungsausschusses. Er betreut die Studienschwerpunkte Controlling und Marketing. Prof. Dr. Jochem Müller erhielt 2008, als einer der ersten Hochschullehrer Bayerns, das „Zertifikat Hochschullehre Bayern". Darüber hinaus besitzt er das Zertifikat „Dozent für Weiterbildung an Hochschulen". Im Rahmen der angewandten Forschung leitet er das Controlling Forum Ansbach (www.cforum-fh-ansbach.de) und das Institut für kreatives Marketing (www.marketia.de).

Ulrich W. M. Sauter studierte an der Hochschule Ansbach Betriebswirtschaft mit den Vertiefungen „Controlling", „Rechnungslegung und Steuern" und „Finanz-, Investitions- und Bankwirtschaft". Er schloss im Jahr 2009 sein Studium zum Diplom-Betriebswirt (FH) mit Auszeichnung ab.